U0173601

北京大学城市治理研究院出品

国土空间规划与治理研究丛书

村庄规划
村域国土空间规划原理

Principles of Village Territorial Spatial Planning

温锋华 沈体雁 崔娜娜 著

经济日报出版社

图书在版编目（CIP）数据

村庄规划：村域国土空间规划原理／温锋华，沈体
雁，崔娜娜著．—北京：经济日报出版社，2020.6（2023.7 重印）
ISBN 978 - 7 - 5196 - 0684 - 8

Ⅰ．①村…　Ⅱ．①温…　②沈…　③崔…　Ⅲ．①乡村规
划 - 研究 - 中国　Ⅳ．①TU982.29

中国版本图书馆 CIP 数据核字（2020）第 107988 号

村庄规划：村域国土空间规划原理

作　　者	温锋华　沈体雁　崔娜娜
责任编辑	黄芳芳
责任校对	温　海
出版发行	经济日报出版社
地　　址	北京市西城区白纸坊东街 2 号 A 座综合楼 710（邮政编码：100054）
电　　话	010 - 63567684（总编室）
	010 - 63584556（财经编辑部）
	010 - 63567687（企业与企业家史编辑部）
	010 - 63567683（经济与管理学术编辑部）
	010 - 63538621　63567692（发行部）
网　　址	edpbook. com. cn
E - mail	edpbook@126. com
经　　销	全国新华书店
印　　刷	北京九州迅驰传媒文化有限公司
开　　本	710 毫米×1000 毫米　1/16
印　　张	17.5
字　　数	240 千字
版　　次	2020 年 7 月第 1 版
印　　次	2023 年 7 月第 5 次印刷
书　　号	ISBN 978 - 7 - 5196 - 0684 - 8
定　　价	52.00 元

国土空间规划与治理研究丛书编委会

顾　问：（按姓氏笔画排序）

石　楠　叶裕民　冯长春　吕　斌　李国平

李贵才　杨开忠　杨保军　赵景华

主　编：沈体雁

副主编：温锋华

委　员：（按姓氏笔画排序）

于爱芝　王　平　王慧娟　田　莉　白宇轩

包雅钧　吕　迪　刘　志　孙铁山　杜　洋

李　成　杨家文　何文义　何燎原　汪　芳

沈　迟　沈雁顺　宋立志　张　纯　张　波

张学勇　张耀军　陆　军　苗永善　林　坚

赵作权　赵鹏军　姜　玲　贺灿飞　耿德红

徐海涛　崔娜娜　梁盛平　温梓敬　翟宝辉

薛　领

总　序

习近平总书记指出："考察一个城市首先看规划，规划科学是最大的效益，规划失误是最大的浪费，规划折腾是最大的忌讳。"建立适应生态文明建设的城市空间规划与治理体系，探索新时代具有中国特色的社会主义国土空间规划与治理新模式、新途径和新方法，是当前我国新型城镇化建设和治理能力与治理体系现代化建设的重要任务与抓手。

作为中国城镇化发展研究的践行者，我们一直在探索实践我国城乡空间善治的科学路径，并于 2017 年集结出版了《北京大学城乡规划与治理研究丛书》。为满足新时代生态文明建设对国土空间规划和治理领域的技术支撑需求，我们尝试以系统的逻辑框架和技术平台将多种空间层次规划和多要素规划有机融合，提出和建立基于"系统规划"理念的国土空间规划与治理研究的工作路径和方法体系，并以此为指导，先后在全国各地完成了多个不同层次城市（镇）的国土空间规划实践，为快速发展中的中国城市化进程和面临着快速发展之"痛"的地区政府提供空间规划与治理的系统解决方案。我们秉承"从实践中来、到实践中去"的基本理念，基于多年的规划实践，集结出版《国土空间规划与治理研究丛书》。

本丛书在 2017 年《北京大学城乡规划与治理研究丛书》的基础上，以《中共中央、国务院关于建立国土空间规划体系并监督实施的若干意见》为指导，定位于推动传统城市规划模式的转型创新、国土空间规划与治理的协同创新以及城乡发展与善治的经验总结，为美丽中国建设、全面实现小康社会的宏伟目标投智献策，为读者深入理解转型期中国城乡规划与治理提供第一手资料和生动的实践场景。

城乡善治是实现中华民族伟大复兴中国梦的重要组成和必由之路，也是治理能力与治理体系现代化建设的重要抓手！实现国土空间的善治需要传统规划的转型和治理创新，需要不断总结国土空间规划与治理的实践经验，探索建立有中国特色的国土空间规划与治理理论与方法！以这套丛书与国土空间规划治理届的同仁们共勉，希望共同推动中国国土空间走向善治！

北京大学政府管理学院教授、博导
北京大学城市治理研究院执行院长
沈体雁
2020 年 6 月 28 日

序

从记住乡愁到助力善治的村庄规划

在国家乡村振兴战略的推动下，近年来村庄规划成为规划行业的热点领域之一。原因是多方面的，有"乡愁"引发的专业响应；也有乡村萎缩引发的文化情怀；还有内需乏力背景下资金向农村市场的开拓；更重要的是，在实现温饱等基本生存需求后，人们对多元生活尤其是对乡村生活方式的追求。

与城市不同，乡村良好的生态环境、宜人的景观风貌、悠闲舒适的节奏、邻里守望的乡情，都是城里人可望不可即的生活方式。从规划的角度来看，乡村也与城市有诸多不同：一是两者实行不同的土地所有权制度，决定了土地使用权的行使方式有所差异。虽然国家近年来一直在力推建立统一的城乡建设用地市场，在土地日益由资源转向资产的过程中，这种差异带来的影响不断显现，成为我国城镇化进程中事关社会公平的重大话题。二是城乡之间在社会治理模式上不同。城市和乡村虽然都实行基层居民自治制度，但两者的自治程度、自治的能力、受行政制约的程度上存在较大差异，村民由于其利益与乡村发展的关系十分紧密，村民参与的自觉性和自治意识更为强烈。三是城乡之间在社会结构上差别较大。乡村社会同质性较高，分化程度较低，结构较为稳定，而城市社会的流动性更强，城市居民自治缺乏内在的约束能力，更多是依赖城市整体环境的支撑。最后是城乡之间在生产、生活的组织方式上的差异显著。在经历了农业文明、工业文明，走向生态文明的今天，基于工业化分工而诞生的城市，不得不面临生态化改造的压力，各种低碳城市、生态城市的理念应运而生。而与城市相伴而生的乡村受工业化的负面冲击不那么明显。当各种"城市病"蔓延的时候，被工业化遗忘了的乡村，忽然凸显出生态化的价值。在乡村，生产、生活和生态空间原本就是高度重合的，乡村生产、生活对自然生态的破坏毕竟有限，在这场生产空间、生活空间、生态空间"三生空间"融合的赛跑中，乡村扮演了乌龟的角色，表现出弯道超车的优势。在迈向生态文明的今天，如何重新认识乡村的价值和特点，尊重乡村发展规律，不仅是规划师和研究人员必须补上的一课，更是决策者不得不重新思考的重大问题。任何为了城市利益而剥削、掠夺乡村的做法，都不是可持续的；同样，任何刻意贬低乡村价值，降低乡村地位的制度安排，也是不可取的。

如今出现的各种乡村发展热，无论是旅游热、民宿热、投资热，以及由此诱发的规划建设热，既有基于乡村自身发展的需求，基于城镇化进程中返乡民工和留守农民的需求，更大的需求其实是来自城市居民。城市居民不满足于工业化城市带给他们的便利、舒适和身份地位，更多地向往乡村生活的简朴、惬意和自我价值，密度、强度、效率不再是铁律，慢生活成了时尚。这种基于城市居民需求的乡村发展模式，为衰退中的乡村带来生机与活力，也带来资本的贪婪、过度的营造、绅士化的门槛，甚至污染的扩散和对传统文化的破坏，这些是必须让我们警戒的。

我们一直提倡，不能以城市规划的思路进行乡村规划，必须基于农民的立场、从农民的需求出发，以更宽的视野看待乡村的独特价值，要意识到乡村的主体不是城市居民，而是农民。这背后的关键不在于规划名称和规划方法，而在于决策者和规划师的价值观，以城市价值观和为城市人服务为核心理念，是很难真正设身处地把农民的利益和需求作为首要考虑因素，很难摆脱城市规划的思路，也做到不落窠臼。

党的十九届四中全会通过了《中共中央关于坚持和完善中国特色社会主义制度推进国家治理体系和治理能力现代化若干重大问题的决定》，这是一项对我国城乡治理具有里程碑意义的重要文献。早在21世纪初，城乡规划领域就有专家学者率先研究城乡治理的问题，显而易见，与其他领域类似，我国的城乡规划既有吸收、引进其他国家先进经验的成分，更有根据我国自身政治、经济和社会环境，契合我国治理体系的创新与探索。

总结70年乡村规划工作的经验教训，从制度层面阐述我国村庄经济社会发展、资源保护和人居环境建设等领域的巨大成就。一方面，有助于我们更深入地理解"中国之治"的制度支撑，进一步确立制度自信和道路自信；另一方面，也有助于国际社会更加全面准确地理解"中国故事"背后的成功秘诀。我始终认为，"一流的实践机会，二手的规划理论"是我国相当一段时期内规划领域理论建设落后于专业实践状况的写照，我也一直呼吁专家学者和同行们能够从制度层面梳理我国的村庄规划，改变缺乏系统的中国特色村庄规划理论体系的局面。这两句话近几年来被专家学者们广为传播，并且激励一批有志于理论研究的专家取得了不少喜人的重要学术成果。如果说我国的城市规划与发达国家相比在一定程度上处于跟跑的境地，根植于中华文明的乡村治理和乡村规划建设完全有可能成为领跑者之一。

发达国家的学者基于西方既有的理论范式，对我国规划实践的观察和分析，在一定程度上有其优势，如何避免局限性、误解和偏见，更深刻地揭示"中国规划"的特色，则需要本土学者从政治学、管理学、地理学、城乡规划学等不同视角对我国规划体系进行深入剖析。联合国人居署执行主任谢里夫女士在 2019 年来中国访问之际提到，希望中国的规划师能够产生更多的知识，与其他联合国成员国分享。如果说在城镇化、人居环境领域存在"中国模式"，那么基于这种特定模式的"中国范式"或许是值得探讨的理论话题。更好地发挥制度优势，把制度优势转化为管理乡村地区经济社会事务、村庄发展与空间治理的效能，是城乡规划与治理学术领域需要全面破题的重大理论问题。从这个角度来说，乡村规划不仅与乡村建设紧密相连，甚至无法分割；而且乡村规划的工作重点，也不应该只是传统的设计与建造，更应该是乡村治理。与其说乡村规划的核心在于乡村各类用地的合理使用，不如说乡村规划其通过农村各类土地与空间的合理使用，实现乡村的经济繁荣、社会安定与环境可持续，进而实现乡村的善治。

实现乡村地区的善治是实现中华民族伟大复兴和中国梦的重要组成，实现乡村地区的善治需要村庄规划的转型和治理创新，需要不断总结村庄规划和治理实践经验，需要探索建立有中国特色的村庄规划和治理的理论与方法。北京大学沈体雁教授的团队是我国城乡规划和治理一线积极实践的活跃学者团队代表，在全国各地都留下了他们对当地城乡发展的深度思考和相关的规划贡献。本书在他们丰富的村庄规划实践基础上，充分结合国内外的相关理论，按照当前国土空间规划的最新要求，提出在国土空间规划体系下的村庄规划理论框架和技术方法，相信可以为接下来国土空间规划体系实施提供一个系统的理论视角和方法指引，也相信可以为推动中国乡村地区在新时代走向善治做出积极的贡献！

石楠

中国城市规划学会常务副理事长、秘书长

2020 年 5 月 22 日

前　言

新中国成立 70 多年以来，我国取得了城市化发展的巨大成绩，但是城乡二元发展的矛盾也比较突出，广大的农村地区表现出跟高度城市化地区显著的发展差异。自《中华人民共和国城乡规划法》颁布之后，中国城市和农村的规划建设开始改变之前各自为政的局面，城乡规划编制技术和实施模式也逐步走出"就城市论城市、就乡村论乡村"的局限，开始探索村庄规划的编制和实施，但总体上仍然严重滞后于城市规划的发展。

党的十八大报告提出要"加快完善城乡发展一体化体制机制，着力在城乡规划、基础设施、公共服务等方面推进一体化，促进城乡要素平等交换和公共资源均衡配置，形成以工促农、以城带乡、工农互惠、城乡一体的新型工农、城乡关系"。因此，未来城乡关系的构建，将改变过去"重城轻乡"的发展思路，强调城乡互动协调发展，从城市维度向城乡维度转变，重视农村地区的发展，农村地区的发展开始进入国家最高决策层面。

在习近平新时代中国特色社会主义理论的指引下，中国广大乡村地区将进入一个全新的发展时代。在新的发展形势下，中共中央提出乡村的振兴，要以村庄规划为引领，充分考虑工业化、城市化加速发展的大背景、大趋势，站在统筹城乡发展的高度，统筹谋划、科学部署、扎实推进乡村振兴工作，这是中国当前建设中国特色社会主义、实现中华民族伟大复兴的重大历史任务之一，是解决三农问题的、统筹城乡发展、实现全面脱贫的重要举措。

村庄是农村发展的基本单位，也是农村最小一级的行政单位，做好村庄规划编制是实现乡村振兴的基础与前提。2019 年，中共中央出台《关于建立国土空间规划体系并监督实施的若干意见》，明确村庄规划是"五级三类"国土空间规划体系中的"详细规划"，对国土空间规划时代的村庄规划提出了全新的技术和管理要求。本书正是依据新的国土空间规划体系的新形势、新任

1

务、新要求而编写的。本书首先对村庄规划的相关概念和理论进行系统地梳理和总结，介绍中国城市化和乡村发展的基本情况，总结中国村庄规划的历程，然后站在生态文明的时代背景下，总结中国村庄规划的理论框架，包括村庄规划的内涵、规划体系、要素体系、类型特征、成果体系、管理体系及内容体系、技术方法和村庄规划过程中的公众参与。让读者系统地了解当前中国村庄规划的背景、现状和工作体系。

全书由十六章组成，第一章是村庄规划总论，对村庄规划的相关概念及标准进行阐述，明确了乡村与村庄的定义、乡村的分类、特点，提出村庄规划的任务是实现城乡融合，总结了新时代背景下村庄规划的意义。第二章从中国城市化模式与人口迁移，中国乡村发展特征及问题，中国村庄规划发展历程三个方面详细论述中国城市化与乡村发展。第三章从中国乡村发展的新形势出发，论述了中国在农业供给侧结构性改革、乡村振兴战略、生态文明和国土空间规划对乡村发展的影响。第四章是新时代村庄规划的基础理论，阐述了生态文明、乡村发展、乡村空间、乡村治理等理论和村庄规划方法论等内容。第五章是村庄规划工作框架，从新时代村庄规划内涵出发，对村庄规划"以人为本"的主体体系、"多规合一"的规划体系、"多元复合"的要素体系、"因地制宜"的规划类型、"共同缔造"的过程体系、"实施导向"的成果体系、"协同创新"的管理体系以及"与时俱进"的技术体系进行了详细的介绍。第六章从总体和细分两个维度系统阐述了村庄规划的五大目标、原则和任务。第七至十五章是在新时代国土空间规划框架下的村庄规划内容框架，包括村庄规划的基础研究，村庄经济规划、村庄建设空间规划、农业空间规划、生态空间规划、土地整治规划、基础设施规划、生态环境规划和文化建设规划等工作内容。最后，第十六章系统介绍了村庄规划过程中的公众参与，分别阐述村民、政府、开发机构、民间组织和规划师五大参与主体的特征，总结出村庄规划模式。

本书可以作为大专院校城乡规划及相关专业的本科生和研究生的辅导教材，也可以作为师生以及村庄规划领域的规划师、工程技术人员、村庄规划管理人员参考的实操手册，还可以作为村庄规划领域研究人员的参考阅读资料。本书的撰写过程中，我们得到了很多单位和个人的帮助，北京北达规划设计研究院、广州市规划与自然资源局等单位为本书提供了案例支持；中央财经大学政府管理学院李思婷、白云昀、陈湘、张栋等同学以及广州市自然资源局番禺分局温茶眉等人为书稿提供了大量的基础素材和文献资料并参与了稿件的前期整理与文字校对，在此一并感谢，全书统稿、审定和文责由温锋华、沈体雁、崔娜娜共同负责。

本书的写作参考了大量同行的学术研究、媒体及专业网站的各类文献资料，在向所有本书简介及引用的文献成果的作者表达敬意与谢意的同时，也对有些可能被疏忽或遗漏的参考文献作者表达歉意。尽管作者在撰写过程中拼尽全力对书稿和文字进行了多次的修改与完善，但限于作者的水平和能力，本书难免有粗浅疏漏之处，还请各位读者批评指正！

目 录
CONTENTS

第1章 村庄规划总论

　　村庄规划是科学开展乡村建设的依据，是解决"三农"问题、实现乡村振兴的重要基础工作之一，是一个综合性、整体性、面向实施的系统规划。中国关于村庄规划的研究一般多见于建设部门的建设规划视角，较少作为一个独立的综合体来研究。学术界对乡村的研究多倾向于农村经济研究，农村工程规划设计则偏向于具体农田水利工程的规划设计，对于村庄规划研究不够重视。在生态文明建设的背景下，要全面统筹城乡各要素，促进城乡要素之间的自由流动，编制科学的村庄规划已成为中国乡村振兴过程中必须高度重视的问题。作为一门新的学科，村庄规划学也要迅速地发展，以适应中国未来乡村健康发展的需要。

　　村庄规划的理论是村庄规划的基本规律，中国关于村庄规划的理论与实践研究视角主要包括村庄规划编制体系（李王鸣，王勇，2012）、技术模式与方法（葛丹东，华晨，2009）、规划实践与管理（王冠贤，朱倩琼，2012；周锐波，等，2011）、规划功能布局（刘韶军，2000）、村民公众参与（许世光、魏建平，等，2012）、乡村旅游与景观建设（陈劲、陈征帆，等，2009；潘宜、程望杰，2010）等。这些研究基础对于丰富中国村庄规划理论，增强村庄规划建设与管理的科学性起到了重要的支撑作用。

　　村庄是城市发展的根源与腹地，也是人类社会重要的组成部分，村庄规划理论基础是来自科学的历史实践与总结，规划过程的指导理论是来自系统平衡的控制，规划内容的参考理论是来自经济发展阶段论。进入 21 世纪以来，中国村庄规划的政策实践经历了三个重要的阶段：一是 2005 年公布的"十一五"规划中提出建设社会主义新农村以来的实践。2006 年中央一号文件将村庄规划正式纳入各级政府的常规工作，提出各级政府要全面开展村庄规划编制和村庄治理试点工作。"十二五"规划又将"强农惠民，加快社会主义新农村建设"作为重要的工作抓手。二是在《中华人民共和国城乡规划法》中，将村庄规划作为法定规划，成为城乡规划体系的重要组成部分。三是 2019 年 6 月《中共中央 国务院关于建立国土空间规划体系并监督实施的若干意见》提出"在城镇开发边界外的乡村地区，以一个或几个行政村为单元，由乡镇政府组织编制'多规合一'的实用性村庄规划"，正式将村庄规划纳入国土空间规划"五级三区"的规划体系中，成为法定的"详细规划"。与此同时，作为国土空间规划的国家主管部门，自然资源部同时颁布《关于加强村庄规划促进乡村振兴的通知》，进一步明确了"村庄规划是法定规划，是国土空间规划体系中乡村地区的详细规划，是开展国土空间开发保护活动、实施国土空间用途管制、核发乡村建设项目规划许可证、进行各项建设等的法定依据"，对村庄规划提出了更高的要求，中国村庄规划进入新的历史阶段。

1.1 村庄规划的相关概念及定义

中国是个农业大国，美丽中国、全面建设小康社会、实现中华民族伟大复兴最艰巨、最繁重的任务在乡村。村庄规划是上述工作的核心依据之一，也是做好农村地区各项开发建设和保护工作的基础和基本依据。

1.1.1 村庄与乡村的概念

村庄是能够承载农村居民从事农业（包括种植业和林牧副渔业）生产、生活及相关社会活动的聚集区。在中国不同地区，村庄又被称为屯、寨、里、庄、嘎查等，从地理空间来看，村庄又可被称为农村居民点。

村庄的形成是一个长期性、综合性的过程，其表现形式为农村聚落，故村庄又被认为是农村聚落的统称，或被称为村落。聚落是人类生存、生产、生活和社会交往的中心，包括房屋、道路、广场公园、池塘、菜地等要素。按照不同聚落的功能差异，可分为城市聚落与农村聚落。农村聚落是指除了城市聚落以外的所有位于农村地区的农村居民点。由此可见，村庄、农村居民点、农村聚落是同一事物的不同表述，虽然他们在称谓上有所区别，但是其实际内涵是一致的，即农村居民生产生活和社会活动的场所。因此，对村庄的理解，不应局限于空间的点或历史的聚落，还应综合考虑村庄的功能、空间布局、风土文化、经济发展、社会变迁等多方面因素。

乡村（Rural Area）与村庄（Village）既存在着区别也存在着联系。乡村是相对于城市而言的概念，是村庄与集镇的统称[①]，村庄是指主要以农耕业为主的非城市人类活动区，而集镇是介于村庄和城市之间、以工商业生产活动为主的聚落区。因此，乡村概念的外延比村庄概念的外延要广，包括村庄和

---

① 金其铭.中国农村聚落地理［M］.江苏：江苏科学技术出版社.1989：3.

集镇的居住聚落空间以及广大的非居住空间，如山水林田湖草等生态空间。

1.1.2 村庄的分类

根据不同的划分标准可以将村庄划分为不同的类型。村庄类型的划分方法有多种，如按照村庄的人口规模、等级体系、与城市的区位关系、发展动向、主导产业职能、发展动力等。

（1）依据村庄人口规模标准

在《村镇规划标准》（GB 50188-93）中，按照村庄的人口规模，将村庄分为大型村庄、中型村庄和小型村庄（如表1-1所示）。

表1-1　村庄的人口规模分类（一）

村庄类型	村庄类型	
	基层村	中心村
大型村庄	＞300	＞1000
中型村庄	100—300	300—1000
小型村庄	＜100	＜300

资料来源：《村镇规划标准》（GB 50188-93）

其中，中心村是指具有一定的人口规模或具备吸纳一定人口规模能力、拥有较为齐全的公共设施，能支撑、带动其周边村庄发展的基层规划单元。基层村是与中心村相对应的，只配备简单的公共服务设施、人口规模较小、发展潜力较弱的农村居民点。

上述标准制定时间较早，2013年出台的《乡村公共服务设施规划标准》（CECS 354：2013）界定的村庄分类标准，将村庄分为小型村庄、中型村庄、大型村庄和特大型村庄（表1-2），在村庄规划的相关公共服务设施配置中，常以此作为村庄的规模分类标准。

表1-2　村庄的人口规模分类（二）

规划人口规模分级	人口数（人）
特大型	＞3000
大型	1001～3000
中型	601～1000
小型	≤600

资料来源：《乡村公共服务设施规划标准》（CECS 354：2013）

（2）依据村庄行政等级标准

按照村庄在管理体系中所处的地位，可分为行政村和自然村。自然村是指村民在长期生活在某处自然环境中自然形成的，包括一个或多个家族的村民聚落点，是村民日常生产生活和社会交往的重要场所。自然村与行政村相对应，自然村的管理单元为村民小组。中国北方平原地区由于地势平坦，自然村的面积通常比较大，南方丘陵水网地区则通常规模较小。而行政村是一个行政管辖的概念，是指村委会所在地的村庄，只有按照《村民委员会组织法》设置了村委会的村庄才可称为行政村。在部分地区，行政村与自然村是重叠的；在个别的区域，一个自然村划分为一个以上的行政村；绝大部分地区的行政村包括多个自然村。

1998 年 8 月，全国自然村有 535 万多个，行政村为 186 万个。自然村的规模大小悬殊，最大的村在河南省兰考县，有 2720 户、12337 人；而湖北省江陵县平均每个自然村只有 8 户合计 33 人。但由于村庄合并、乡村衰败等原因，中国村庄的数量一直在萎缩，截至 2017 年，全国行政村的总数有 54 万个，数百万个自然村，其中行政村的人口通常在 700 ~ 4000 人之间，典型的也是平均的规模是 250 户左右，1000 人上下。

（3）根据与城市的区位关系

根据村庄与城市的位置关系，可以分为城中村、城边村、中心村和边缘村等四类。城中村，是已经被城市包围的村庄，约占村庄总数的 10%；第二类是城边村，占 10%，必然会成为城市的一部分；第三类村是远离城区，但是由于地理区位、历史原因和资源禀赋，形成了一定产业集聚和人口规模的村庄，我们称之为中心村，占 30%，这类村庄对周边具有一定的辐射能力，具备发展成为小城镇的可能和空间，是振兴乡村和村庄规划编制的重点；第四类村为边缘村，占 50%，这类村庄会在 20—30 年间逐步消亡。我们只需考虑这些边缘村庄的农业主体再造和生态的修复，原则上不用考虑村庄建设。

（4）根据未来发展动力

基于村庄未来的发展动力，可将村庄分为：城镇带动型、特色带动型、中心村带动型。城镇带动型村庄是指村庄的未来发展动力依赖于城镇发展的带动作用，此类村庄布局于城镇的周围或位于城镇经济的辐射范围之内，其发展目标为通过引导和建设，将村庄打造成城镇社区，接受城镇发展的统一布局。特色驱动型村庄是指村庄的未来发展依赖于村庄的特色文化，此类文化包括村庄的文物古迹、特色风俗、旅游景区、特色产业或符合国家政策的新农村和美丽乡村。此类村庄的发展具有其特殊性，需要加强对村庄特色文化和生产生活环境的保护，重点完善村庄的基础设施和公共服务设施，实现村庄经济健康持续发展。中心村带动型村庄是指村庄的未来发展依赖于其所处区域内的中心村建设，通过不断完善中心村的设施建设，对周边村庄实现有效带动，逐步实现村庄的迁并。对空心村、资源缺乏型村庄，则需要通过适当引导，尊重村民意愿迁并入就近的中心村。

（5）其他分类标准

除了基于村庄的特性还有其他若干种分类标准，如《广州市村庄规划编制指引》结合该市村庄的发展实际和行政管理的需要，基于村庄的未来发展动向将村庄划分为保留型、扩建型、新建型、迁并型村庄。依据村庄主导产业职能，可以分为城镇职能型、现代农业型、休闲旅游型、生态保育型等。

表1-3　广州市不同村庄分类标准的村庄类型划分

分类标准	村庄类型
发展动向	保留型、扩建型、新建型、迁并型
主导产业职能	城镇职能型、现代农业型、休闲旅游型、生态保育型等
未来发展动力	城镇带动型、特色驱动型、中心村带动型

资料来源：广州市城市规划局：《村庄规划编制指引》，2003.

1.1.3 村庄规划的定义

村庄规划是对村庄的性质定位、人口和用地规模、产业布局与发展、公共管理与公共服务设施、道路交通设施、公用工程设施等进行科学规划，是指导村庄土地利用、规划管理、建设实施的重要法定依据[①]。

本书所称"村庄规划"是指涵括行政村域的全部国土空间，以一个或几个行政村为单元，在一定的时期内，为实现村庄经济社会发展的特定目标，基于法律的规定，通过采取经济技术手段，对村庄国土空间布局、土地利用等各项未来建设活动的统筹布局与具体安排。

① 朱孟珏，周家军，邓神志.村庄规划与相关规划衔接的主要问题及对策——以从化市村庄规划为例［J］.城市规划学刊，2014年第z1期.

1.2 村庄规划的特点

在中国的村庄规划发展历程中，村庄规划原本是依附于城市规划的工作之中，但是其与城市规划具有较大的差异，随着 2008 年《城乡规划法》的颁布实施，中国村庄规划的理论不断得到完善。村庄规划的特点主要包括目的特殊性和过程的特殊性两个方面。

1.2.1 规划目标的特殊性

在中国的村庄规划发展历程中，村庄规划原本是依附于城市规划的工作之中，但是其与城市规划具有较大的差异，导致其在理论框架和工作路径上，均与城市规划有明显的差异，其特殊性体现在规划目的和规划过程上。

首先，从规划产生的背景与规划目的来看，村庄规划的产生背景是城乡的差异化发展，故其首要目标是统筹城乡布局，实现城乡一体化发展。其次，由于村庄的分散化布局导致其难以高效率地集聚和使用基础设施和公共服务设施，故村庄规划还应注重引导与集聚，以有效实现设施的有效性。最后，在规划过程中还要注重与自然环境的协调相一致，与历史发展的规律相吻合，突出村庄特色，让村民记得住乡愁，留得住青山绿水。

1.2.2 规划过程的自治性

村庄规划中过程的特殊性主要体现在村庄规划是村民自治的一个过程，在规划中要充分反映村民的参与性。《中华人民共和国城乡规划法》规定"发挥村民自治组织的作用，引导村民进行合理建设，改善农村生产、生活条件"。《村庄与集镇规划建设管理条例》也规定"村庄规划的成果应先获得村民代表的审议通过，并在村域范围内公示 30 天"。自然资源部办公厅印发的《关于加强村庄规划促进乡村振兴的通知》提出，要在村庄规划的前期访谈、中期方案比选、后期公告公示等各个环节大力激发村民的积极性，全面参与和协商确定规划成果内容，并提出村民委员会要将村庄规划的主要内容纳入村规民约，彻底体现村庄规划过程的自治性。

1.2.3 规划成果的协同性

新时代国土空间规划是一个高度协同的规划，村庄规划是国土空间规划体系中最为微观和最末端层次的规划类型，需要按照产业兴旺、生态宜居、乡风文明、治理有效、生活富裕的总体要求，坚持县域、镇域一盘棋，与村庄所在乡镇的乡镇国土空间总体规划、片区控制性详细规划等上位规划、村域土地利用、村庄生态环境保护、道路交通、水利工程等专项规划的全面协调，实现村庄农业开发、生态保护、文化传承与土地利用等领域的有机融合和协同，编制"多规合一"的实用性村庄规划。

1.3 村庄规划的意义

1.3.1 村庄规划是支持"三农"政策的政策要求

"三农"问题，是中国城镇化发展过程中要解决的突出重大问题。近年来，中央连续多年发布以"三农"为主题的中央一号文件，2006 年的中央一号文件《中共中央国务院关于推进社会主义新农村建设的若干意见》正式提出将村庄规划正式纳入各级政府的工作范畴，并在资金支持、生产生活、环境治理以及村民引导等方面提出了一系列的明确要求。在此历史背景下，村庄规划建设包含着丰富的政策意义，涉及村庄未来发展的经济建设、政治建设、文化建设和社会建设等方方面面，它不仅是自上而下贯彻中央和各级政府对农政策的最终落脚点，同时也是把基层建设经验自下而上反馈给上级政策制定者的有效路径。因此，村庄规划是中央解决"三农"问题的一项有效政策，该政策在实践中不断得到优化调整，在持续的实践和理论探讨中，农村规划水平不断得到提高。

1.3.2 村庄规划是建设社会主义新农村的必然要求

农村社会天然形成的格局并不是最优状态，它是农村居民经过长期的互动而逐渐固定下来的稳定形态，或者说是沿袭传统而不大情愿与时俱进的历史产物。当外部世界发生变化，尤其是处于当下这个快速变迁的年代，村庄系统如果完全依靠内部调整来完成对环境的适应，其结果必然会导致步伐迟滞，以至于和时代发生断裂和脱节。

社会主义新农村的建设，是我国作为社会主义国家，通过自上而下和自下而上的结合，对广大农村地区尤其是经济社会发展落后地区的有的放矢的建设扶持，加强村庄与城市以及其他外部世界的协调，通过对村庄各类生产、生活场所的建设修缮，对传统村落风貌的保护等手段，逐步实现城乡基本公共服务的均等化。而农村地区，往往在组织能力、系统统筹等方面，与城市地区有较大的差距，这些社会主义新农村建设的具体工作，需要有一个系统的规划作为统领这些工作的顶层设计。因此，村庄规划是建设社会主义新农村的必然要求。

1.3.3 村庄规划是破除城乡二元格局的历史要求

新中国成立以来形成的城乡二元结构一直是中国社会发展中存在的突出矛盾，随着新型城市化建设的推进，城乡一体化进程必然要求破除这种长期固化的城乡隔离状态。城市和乡村的角色定位应该从过去农村支援城市的单向度关系转变成城乡之间平等交流、协同发展的互补关系。因此，消除城乡二元结构既是社会主义初级阶段的基本目标，也是推动城乡关系上升至一个新台阶的历史要求。从村庄规划入手，引导农村建设城市化、农业发展现代化以及农民生活小康化，有助于打破城乡对立格局，逐步缩小城乡之间的生活差距。现阶段，有效加大对农村社会的支持与投入，合理规划农村基础设施、医疗卫生和文化教育等方面的配置，将直接有利于实现城乡公共服务均等化，提高城乡整合度，加快城乡融入和对接的步伐。

1.3.4 村庄规划是促进农村经济发展的现实要求

改革开放以来，中国经济建设取得了举世瞩目的成就，但是随着社会财富总量的增加，不同群体和不同阶层之间的收入差距却越来越大。社会分化的日益严重，衍生出区域和城乡之间严重的不平等现象，加剧了弱势群体的生存压力，制约落后地区（包括农村）的发展能力，也潜在地威胁着社会的和谐稳定。对于广大农村地区，通过村庄规划，一方面可以把农村经济从传统的粗放型升级转型到规模化、集约化生产，提高粮食产量及其稳定性，建立可持续的高效农业和循环经济；另一方面也可以加快转变农业经营方式，推动农业产业化，引导农产品深加工，延长产业链，提高附加值，增加农民收入。因此，对村庄农业生产进行合理规划，不仅是维护中国粮食安全的重要保障，也是促进农村经济发展的时代要求。只有坚持以经济建设为中心，不断创新农业生产和经营模式，才能建设好社会主义新农村，从而实现全面建设小康社会的宏伟目标。

第 2 章　中国城市化与乡村发展

作为一个尚有近6亿农村人口的发展中国家，中国城市化的核心问题是解决农民和农村问题。一方面需要通过工业化大力推进城市化，引导农村人口进城，减少农民数量；另一方面需要通过促进农村地区的村镇社会经济发展，将城市生活方式注入农村社会，改善农村生活水平，实现就地城市化。上述两方面的共同作用，促进了中国过去40年的快速城市化，同时带来乡村人口的快速下降。而乡村空心化问题也成为中国乡村地区突出的社会问题之一。为应对高速城市化带来的乡村衰退问题，加强乡村规划研究、编制和实施是首要途径，2017年中央农村工作会议特别指出，实施乡村振兴战略，要强化规划引领，再一次把乡村规划上升到国家战略的层面。

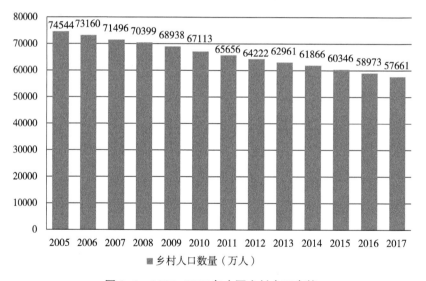

图 2-1　2005-2017 年中国乡村人口走势

数据来源：国家统计局

2.1 中国村庄发展特征及问题

2.1.1 中国村庄发展总体概述

中国改革开放始于农村，以土地家庭联产承包经营责任制为标志的中国农村改革发展，已经走过了 40 多年的探索与实践，幅员最广袤的中国农村在经济产业结构、基础设施、公共服务、生态环境、社会保障等多方面，都已经发生了历史性巨变，这些史无前例的变化是新时代任何一个村庄规划必须要认识和尊重的历史基础和基本前提。

（1）经济发展成就显著

中国农村经济发展的成就是历史性的，粮食等农产品综合生产能力、农业现代化水平、农民收入水平显著提高。农业生产方式、经营方式、资源利用方式，农产品供求关系、工农城乡关系等发生深刻变化，农业绿色发展理念深入人心。国家统计局数据显示，1978 年至 2018 年，农村居民可支配收入和人均消费支出均发生了翻天覆地的变化，其中人均可支配收入从 1978 年的 132.67 元，增长到 2018 年的 14617 元，折合 2150 美元，增长了 110 倍。

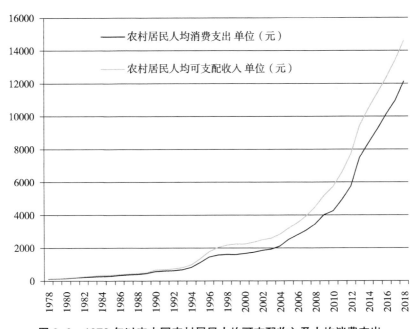

图 2-2　1978 年以来中国农村居民人均可支配收入及人均消费支出

数据来源：国家统计局

党的十八大以来，中国不断深化农村改革特别是农业供给侧结构性改革，完善强农惠农富农政策体系，加快培育新型生产经营主体新产业新动能，农业农村发展再上新台阶，发展基础活力明显增强，呈现出农业稳定增长、农民持续增收、农村面貌改善的良好局面，为农村全面小康建设奠定了坚实基础。我国农业农村经济发展站上了新起点，进入了新时代，开启了全面建设农业强国的新征程。

（2）基础设施不断完善

改革开放40多年以来，中国村庄基础设施建设已经取得了巨大成就。首先是乡村交通得到了快速发展，根据第三次全国农村普查结果，截至2016年年末，全国通公路的村占全部村庄的99.3%，较之十年前的第二次农村普查时增长3.8%。此外，电力、通信、网络和电子商务等其他设施也不断完善，全国通电村占99.7%，通电话村庄占99.5%，近九成的村庄通宽带互联网；全国超过1/4的村庄建有电子商务配送点。总体上，农民生活环境不断优化，质量明显提高。

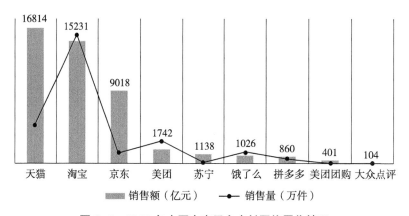

图2-3　2018年中国电商平台农村网络零售情况

资料来源：农业农村部信息中心、中国国际电子商务中心研究院，《2019全国县域数字农业农村电子商务发展报告》

（2）公共服务明显改善

改革开放以来，中国对农村教育、科技投入逐渐增大，教育明显改善，农民素质不断提高。农村医疗卫生、养老社会保障体系覆盖面持续扩大，村民健康状况明显改善，贫困人口大幅减少，人民生活水平和质量进一步提高。2018年年末，全国有幼儿园、托儿所的村庄占全国村庄的40%以上，全国有体育健身场所的村庄占比超过60%，有农民业余文化组织的村庄占比约为43%。

（3）环境整治不断提升

过去40年，中国农村人居环境整治工作不断得到加强，农村污染产业得到治理，初步建立起农村生活垃圾分类和治理机制，生活垃圾得到有效处理。农村厕所革命得到着力推进，解决了农村生活污水问题。农民环保意识不断提高，节能环保水平明显提升。截至 2018 年年末，全国有接近 80% 的农村生活垃圾得到集中处理，有超过 20% 的农村生活污水实现集中处理。

（4）社会保障建设不断加快

改革开放以来，中国农村社会保障事业发展迅速，形成了以基本社会养老保险、合作医疗、最低生活保障、五保供养、医疗救助等方面为主要内容的农村社会保障体系。各项制度从无到有、从不完善到完善，初步建立了保障农民基本生活需求的服务体系。随着近年来精准扶贫政策的深入推进，国家扶贫攻坚任务取得重大突破，截至 2017 年年底，中国农村低保对象约为 4000 万人，新型农村合作医疗实现基本全覆盖，切实减轻了农民的医疗负担。

2.1.2 中国村庄的分布差异

总体上，中国村庄的发展具有如下特征：一是农民人口继续降低，随着中国居民生活水平的提高以及城市化加快，中国乡村的数量近年来持续减少。仅 2017 年中国的村庄数量为 244.9 万个，同比减少了 6.4%，较 2010 年的 273 万个，减少了 10%；二是村庄数量虽然有所下降，但绝对数量依然较多；三是中国乡村发展存在着明显的东、中、西三大地带性差异，三大区域内部以及省际村庄分布和发展也呈现出显著的差异。

（1）村庄数量的变化

1986—2014 年间，是中国城市化飞速发展的时期。为推进新型城镇化建设，各地加快撤乡并镇、迁村并点的工作，

表 2-1　中国村庄数量变化表（1986—2014）

城镇	数量（个）		
	1986	2014	变化
城市	353	653	300
镇	10717	20401	9684
乡	61415	12282	-49133
村	377.3 万	270.3 万	-107.3 万

数量来源：中国统计年鉴

（2）村庄区域差异

在中国东部沿海发达地区处于中国改革开放的前沿，东部沿海地区经历了快速城市化发展，农村发展速度最为迅猛。东部沿海地区发达的经济、便利的交通、改革开放的先机等因素使得这些地区形成了区域性的经济快速增长。经济的快速增长和便利的交通也为东部沿海地区农村带来了更多工业化的机会。以苏南乡镇企业、浙江私民营企业、珠三角"三来一补"企业为典型的东部沿海农村通过快速工业化，实现农村经济快速增长，农民离土不离乡、进厂不进城，催生了城乡一体的城乡融合区（Deskota）（Mcgee，1987）。

与东部沿海地区不同，在中国中西部地区，改革开放之前，由于三线建设及知识青年上山下乡等历史事件的推动，农村经济也有了一定程度的发展。但在改革开放之后，随着东部沿海城市对劳动力需求的剧增和人口流动藩篱的打破，中西部绝大多数乡村工业都衰落了，农民的收入越来越依靠进城或到沿海地区务工经商。此时，农民的主要收入来源包括两类：一是农业收入；二是外出务工经商收入。农村大量青壮年劳动力进城或到沿海务工经商，农村人财物流出农村流入城市，农村出现的空心化问题越来越普遍。

（3）村庄省际差异

此外，中国村庄发展的省级差异也非常显著，这种分布从住房和城乡建设部、文化和旅游部、国家文物局、财政部、自然资源部、农业农村部联合发布的"中国传统村落名录"可以看出一点端倪。截至 2019 年，全国共有五批共计 6819 个村落入选"中国传统村落名录"，涵盖了全国除港澳台之外的所有省份，形成了世界上规模最大、内容价值最丰富的活态农耕文明聚落群。

从全国境内五批 6819 个传统村落分布及数量来看，传统村落数量位居前十的省份如贵州、云南、湖南、浙江、山西、福建、安徽、江西、四川及广西也均处于中国东南部、中部、西南部及华北，如中国东南部的浙江（635），中部的湖南（657），西南部的贵州（724）、云南（714）以及华北的山西（545），五省总计有 3275 个传统村落，占比全国总数的 48.14%。数量位居前十的省份共有传统村落数量 5118 个，占比全国总数的 75.23%。

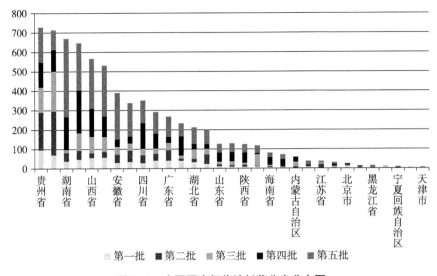

图 2-4　中国国家级传统村落分省分布图

数据来源：住房和城乡建设部

2.1.3 中国村庄发展面临的突出问题

城市化进程中的农村人口向城镇集中的过程表现为两种结果：一是城市数量的增长以及规模的扩大；二是各城市内人口规模的扩大和产业集聚的过程。这一进程包含四个子过程：一是农村人口向城镇转移的过程；二是非农产业向城镇聚集发展的过程；三是地域性质和景观的转化过程；四是城市生活方式的扩散与传播过程。由于中国的国土广袤，地域辽阔，区域差异显著，上述四个过程在不同区域所展现出来的图景大相径庭。总体上，我国村庄发展在城镇化过程中在产业发展、区域差距、人口结构、粮食安全以及生态环境等方面还存在如下突出问题：

（1）产业水平不高

虽然目前中国乡村地区的产业结构调整已初见成效，但仍存在一些亟待解决的问题。首先在农业生产领域，农业产业结构不合理，结构性矛盾突出。在农业品种结构、产品结构、生产经营方式、产业空间布局、农业服务体系等方面与发达国家的农业产业水平还有较大的差距。其次在农产品流通与服务贸易领域，中国目前广大农村地区市场发育不全，大宗农副产品流通销售市场体系尚未建立健全，不能适应现代农产品的流通要求。由于农产品流通渠道不畅，很多农业资源发达地区的资源优势不能有效地转化为经济优势，农业经济效益难以提升，在相当程度上制约了中国农村经济的快速健康发展。

（2）乡村区域差距拉大

中国不同区域资源禀赋、区位条件、历史基础以及城市化发展阶段的差异，拉大了中国广大乡村地区的发展水平差异。在中国广袤的国土上，既有像上海周边已经基本实现现代化的现代农村地域类型和广东、江苏、浙江、山东等东部沿海发达省份周边农村经济非农化比例达到80%以上的发达农村地域类型，也有位于陕西、甘肃、宁夏、青海、西藏等西部地区非农化程度低、农村基础设施差、市场化程度低的欠发达和不发达农村地域类型①。这种地域空间的发展差异，导致了城乡之间、区域之间发展的空间不公平，迫切需要一种制度设计，去降低这种由于体制机制导致的发展鸿沟。

（3）乡村老龄化与空心化

城市化的进程也是农村人口和劳动力不断向城镇转移的过程，乡村劳动力转移为中国经济发展建设提供了强有力的劳动力支撑，促进了劳动力资源的优化配置，大量农村富余劳动力涌入城镇，解决了城市建设过程中劳动力不足的问题，促进城市化建设，同时农村剩余劳动力的转移，提高农民收入，农民获得更多的财富，缩小城乡差距，实现城乡协调发展和共同富裕，加快全面小康社会战略目标的实现。

但是同时农村社会事业发展缓慢，农村公共卫生体系建设不健全，农村公共文化资源十分短缺，农村社会福利严重滞后于农村社会经济发展水平。农村教育基础薄弱，社会事业发展滞后，农村居民公平享有国家改革开放以来所取得的经济社会发展成果的权利难以得到保证。城市化快速推进，农村大量青壮年劳动力进城务工和安家落户，导致农村人口老龄化、村庄"空心化""三留守"等问题日益严重。农村人口结构失衡，农村产业无法发展，土地荒芜、劳动力离乡、村庄形态"内空外扩"，使得农村出现人口和产业的"空心化"。

1990—2014年全国乡和村户籍人口减少了7100万，减少幅度为8.2%，加上2.74亿离土离乡的农民工，农村人口实际减少了3.45亿，减少幅度高达39.93%。村庄的空心化给乡村地区的社会发展带来一系列的问题，一是使农

---

① 刘慧.我国农村发展地域差异及类型划分［J］.地理与地理信息科学, 2002, 18（4）: 71–75.

村经济失去了活力和生机；二是教育资源匮乏，给留守儿童带来教育缺失的公平；三是农村的传统工艺和民间艺术，失去了受众和生存的土壤，很多民间艺术的传承面临失传的困境。如云南丽江纳西古乐，这种古乐起源于公元 14 世纪，它是云南省最为古老的音乐，也是中国或世界最古老的音乐之一。纳西古乐是纳西族人民在接受以儒道文化为代表的中原文明影响下而创建的艺术结晶。目前的传承人均是七八十岁的老人，年轻人少有继承学习的，亟待制度性地引导传统文化的传承发展。

图 2-5　丽江纳西古乐：即将消失的民间艺术

图片来源：笔者自拍

（4）粮食安全的威胁

新中国成立以来，我们取得让世人刮目相看的一个伟大成就是我国用占世界 7% 的耕地面积，养活了占世界 22% 的人口。改革开放以来，中国依靠工农业剪刀差、城乡剪刀差，举全国之力，在极短的时间里迅速实现了国家的工业化，将一个传统的农业国变成了一个工业大国，成为继美国之后世界第二大经济体。然而，中国过去的工业化是基于"三来一补"，服务于国际市场的"世界廉价工厂"与制造基地。随着人口红利消失，劳动力成本上升，缺乏科技含量与自主品牌的工业化，迫切需要转型升级，谋求发展的新动能。中国人均耕地少，农户户均土地经营规模不足，不能实现农业规模化经营。此外，在原本属于乡村的广大地区，为了支持工业化和城市化发展，大量农业用地被圈占、建设，越来越多的人"洗脚上田"，农村劳动力大量流失，农村人口呈现空心化，耕地出现大面积的抛荒、撂荒现象，农业萧条，农业的国民经济基础地位与粮食安全形势正变得日益严峻。虽然总体上我国的粮食产量还呈现增长态势，但是自 2012 年以来，增长速度明显放缓，同时与快速城市化带来的粮食需求相比，中国粮食对外依赖度直线上升，截至 2017 年，中国粮食对外依赖度达到了 21.14%。

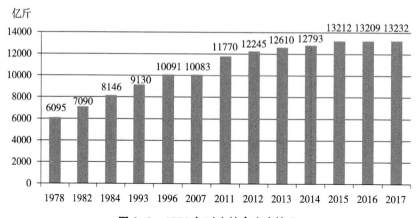

图 2-6　1978 年以来粮食生产情况

数据来源：国家统计局

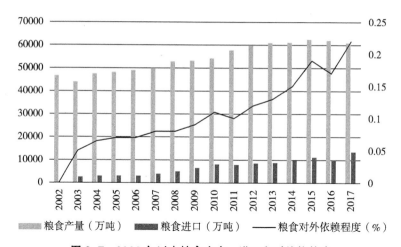

图 2-7　2002 年以来粮食生产、进口和对外依赖度

数据来源：国家统计局

（5）生态环境污染

中国城市化的快速发展，让很多农民摆脱了面朝黄土背朝天的农业生活，农村经济快速增长，农村面貌发生了巨大的变化。但是城市化发展带来经济条件改善的同时，农村生态环境问题也日益突出，如工业化污染严重、化肥农药的不合理利用、农业面源污染严重、集约化养殖业的污染、农村森林植被破坏、水土流失、土地沙化、生物多样性减少等问题层出不穷。

2.2 中国城市化进程中的城乡关系

自城市产生之日起，城乡关系便随之而产生。中国的城乡关系发展历经了复杂的发展过程。从建国初期的城乡对立固化到 1978 年改革开放以来，中国城乡关系进入新形势下的发展探索，城乡间的互通与流动逐年加大。随着人口基数的增长以及城市和乡村大量劳动力的迁移流动，给中国城乡关系的发展带来了新挑战和新机遇。马克思曾经提出未来社会消除城乡对立、实现城乡融合的一些论述和构想，如城乡对立说、城乡对立的消失、"城乡融合"概念、重视生产力发展在消除城乡对立中的作用、重视城市和城市化的积极作用等。这些城乡关系发展理论也将指导我国城乡关系的发展走向，以及通过村庄规划解决城乡统筹、乡村振兴发展有非常重要的指导意义。

2.2.1 城乡二元结构与人口流动大潮

在新中国成立之初一直到十年动乱期间，国家采取户籍制度对人口进行空间固化治理，国民户口被划分为城市户口与农村户口，由于传统思想观念和特殊的政策环境，人们不能随意离开自己所居住的地区，造成了城市与乡村明显对立。当时一些农业剩余劳动力或其他摆脱当时户籍管理自发迁徙到城市谋生的人们，被政策称为"盲流"。这是因为在传统计划经济体制下，农村人口转入城市是在政府的统一计划条件下进行的，"盲流"进入城市后一般无长期正式工作，也不是城市企事业单位的雇用员工，在物资紧缺，一切物资都要凭"票"购置的年代，这些人员的生活无可靠来源。然而从 50 年代初期开始，每年仍然有大量农村人口因贫困流入城市。1953 年 4 月，国务院发出了《劝止农民盲目流入城市的指示》，首次提出了"盲流"的概念。1956 年秋后，农村人口外流到大城市和工业建设重点区域的现象发展到十分严重的程度，国务院于同年年底再次发出《防止人口盲目外流的指示》，并于 1957 年年初对该指示作了补充再次下发。

1959 年开始，由于极"左"路线的盛行叠加自然灾害，中国进入了史无前例的三年困难时期。为应对物资短缺带来的各种社会问题，中共中央、国务院联合发布《关于制止农村劳动力盲目外流的紧急通知》，明确所有未经许可即离开乡土、"盲目流入"城市的农民都是"盲流"。这份文件不仅要制止农民外逃，而且指示各省、市将"盲目流入"城市和工业矿山地区的农民收容、遣返。产生问题较多地区的外逃饥饿农民被地方政府以"盲流"名义堵截、收容，甚至有部分人员饿死在收容站。"文革"开始后，大规模的"上山下乡"活动开始了，大量城市居民离开自己的家乡，来到偏远的农村，使得农村人口急剧上升，城市人口出现罕见的降低现象，特别是上海、四川等地。

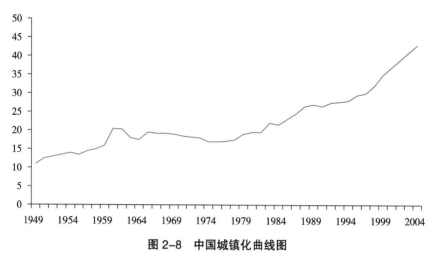

图 2-8　中国城镇化曲线图

数据来源：国家统计局

改革开放以后，农村人口流入城市成为普遍的现象，到了 20 世纪 70 年代末、80 年代初期，随着政策的调整和改革开放大环境影响下城乡关系与时俱进的发展，大量"上山下乡"的知青开始返城，这一"回流"现象造成了新中国成立后第二次大规模的人口流动。随着生产力的不断发展，科学技术的不断更新，社会生产结构和社会分工发生了分化和改变，80 年代后半期开始，农村里出现了大量剩余劳动力，这批人陆续前往东南沿海等发达城市务工，并由此出现了农民工、农民潮等新概念，第三次的人口流动宣告开始。这也导致了一系列城乡关系出现新问题，如农村劳动力不足，乡村空心化现象等。农民工的定居和转移也衍生了大量的问题，例如城市人口过多，社会负担过重，农民工居住问题，工资拖欠问题，安全隐患问题，留守儿童问题，社会安全隐患问题，等等。

2.2.2 城市化模式与城乡融合发展

中国人口众多，城市发展基础差，底子薄弱，西方单一的"离土离乡"的城市化模式很难在中国复制。中国的城市化模式可以分为"离土离乡"的异地城市化和"离土不离乡"的就地城市化两种模式。

"离土离乡"的异地城市化模式催生了世界城市化发展史上最大规模的人口迁移,中国中西部广大乡村地区的农村就业人口往中东部地区转移,造就了中国城市化早期阶段巨大的人口红利。但同时也进一步强化了城乡二元结构,拉大了城乡之间的发展差距和鸿沟。

"离土不离乡"的就地城市化的模式也被称为乡村城市化,主要表现为:城市人口增加,乡村人口减少;城市发展,城市地域扩大,农业用地转用作工厂、商店及住宅等非农业用地;农民由专业农户转化为兼业农户;进一步成为脱离土地的非农户;城乡居民经济收入和文化教育差别不断缩小,价值观念和生活方式等趋同。乡村城市化是农村社会演进并通往现代化的一个重要过程,是传统农村向现代城市文明的一种变迁。

由于历史的原因,中国"重城轻乡、城强乡弱"二元经济体制长期存在,乡村发展严重滞后,自进入 21 世纪以来,中国尝试建立健全城乡融合发展体制机制和政策体系,乡村城市化加快了中国城乡融合发展和构建城乡一体化的进程。以城乡产业融合、基本公共服务均等化、文化消费下乡等手段促进乡村城市化进程。乡村城市化实质是城乡融合发展的目的和结果,城乡融合发展是乡村城市化的手段和工具。

中共十八届三中全会《中共中央关于全面深化改革若干重大问题的决定》提出:"城乡二元结构是制约城乡发展一体化的主要障碍。必须健全体制机制,形成以工促农、以城带乡、工农互惠、城乡一体的新型工农城乡关系,让广大农民平等参与现代化进程、共同分享现代化成果。"如何大力破除城乡关系中的不良因素,全面营造城乡一体化格局,实现我国新时代城乡发展,社会稳定,尤其是农业的繁荣、农村的发展和农民增收,是生态文明时代村庄规划的重要使命之一。

2.2.3 从城乡统筹到乡村振兴战略

从城乡统筹到乡村振兴体现了中国对城乡关系认识的不断深化。党的十六大提出"统筹城乡经济社会发展",把城乡同等地放在国民经济的整体上一并考虑,通盘谋划,统一运筹,开启了城乡一体化发展的开端。城乡统筹规划是指加强城乡规划管理,改善生活环境,进一步加快新农村建设,改善城乡的空间布局,开拓发展空间,节约使用土地,加快基础设施建设,公共服务设施建设方向农村转移，实现资源优化配置，促进城乡集约化发展，为城乡建设提供可预见的方向，形成一个城乡一体、定位清晰、衔接协调的高标准规划体系，真正促进城乡一体又好又快地发展。

中共十九大进一步提出乡村振兴战略，提出中国特色社会主义进入新时代，人民日益增长的美好生活对农业农村的需要和农业农村发展不平衡不充分之间的矛盾更加尖锐，并且呈复杂化、多样化的特点。乡村振兴战略强调城乡之间更深层次的相互渗透、相互交织，达到你中有我，我中有你，不分彼此的一种状态，是生态文明时代下对城乡发展关系的新定位。这一战略旨在强调优先发展农业农村；从农村内部培育和激发其发展动力，加快推进农业农村现代化步伐；打破政府单一主体，促进生产要素在城乡之间合理流动和平等交换，促进城乡融合。乡村振兴战略纠正过去"以城带乡""以工促农"所造成的弊端，认识到城乡是一个相互依存、互促互荣的共同生命体，把乡村与城市放在一个同等的位置，促进乡村的自主繁荣，实现生态宜居、乡风文明、治理有效、生活富裕。

2.3 中国村庄规划发展历程

中国的村庄规划是逐步从村庄建设中脱离出来的，最早的村庄建设可追溯至20世纪初的乡村改造运动（安国辉[①]，2009），当时并没有明确提出村庄规划的概念，但是村庄规划的行为却体现于村庄建设中。比如，为了践行通过教育搞好乡村建设的理念，乡村的改造则以学校为中心，将商店、医院、武术会、石印厂等统筹布局于学校周边。直到新中国成立，通过建设社会主义新农村的任务，开始了全面的村庄建设运动，并逐步地脱离出村庄规划。虽然中国最早的村庄规划运动起始于20世纪50年代，但是直到改革开放后，村庄规划才被提上议程，并逐步实现其规范化。

基于中国的社会主义建设的背景和村庄规划建设的侧重点，将中国的村庄规划分为三个阶段，共九个时期。即中国村庄规划探索阶段，包括"一五"时期、"人民公社"时期、"文革"时期；中国村庄规划起步阶段，包括村庄住房建设规划时期和村庄与集镇综合规划时期；中国村庄规划快速发展阶段，包括中心村规划试点时期、城乡统筹规划时期、新农村规划时期、美丽乡村规划时期。

---

① 安国辉，张二东，安蕴梅.村庄规划与管理［M］.北京：中国农业出版社.2009：42.

2.3.1 中国村庄规划探索阶段（1949—1978 年）

此阶段的村庄规划逐步从传统的村庄建设中独立出来，作为村镇规划的内容之一。但是由于当时的规划效果并不理想，村庄规划普遍缺乏统筹安排。由于此阶段的重点为城市规划与建设，为尽快建成工业强国，所以村庄规划作用较弱，且围绕着城市发展不断进行调整，并未能形成具有代表性的成果。直到此阶段末期，在"农业学大寨"口号的号召下，才为村庄规划和建设树立了榜样，并为下阶段社会主义新农村建设打下基础，但是此阶段的村庄规划缺乏相应的法律规范和标准，呈现自发、分散的特点。

（1）"一五"时期（1949—1957 年）

新中国成立初期，中国共产党将建设社会主义新农村作为当时的一项重要建设任务。农村地区在新中国成立后大致经历了土地改革、村民互助小组、农业合作社等建设运动，尤其是第一个五年规划建设时期，有效促进了农村地区的快速发展和农村生产力的提高，极大地激发了农民的建设热情，展现出了村庄建设的好局面。但是此阶段以运动、口号式的村庄建设为主，村庄规划并未能得到重视，而村庄的建设以当地的风水、文化和风俗习惯相关，表现形式为新建房屋和修缮基础设施。另外，由于建设水利设施的需要，中国开始出现库区移民，但是当时并未能对移民村的发展与建设展开相应的村庄规划即开始实施搬迁建设，导致了移民村未来的发展受限。

（2）"人民公社"时期（1958—1964 年）

由于当时的历史背景，中国依旧运动式地推进社会主义建设事业。村庄的建设也先后经历了"大跃进"和三年困难时期，并开始出现了村庄规划；同时，国家也出台了《城市规划编制办法》，作为规划工作的指导办法。1958年掀起了"大跃进"和"人民公社化"运动，一方面，在"赶英超美"的口号下，开始了"村村点火、处处冒烟"的大炼钢铁运动，而土法炼钢的土高炉成为村庄的时代标志，也是当时村镇规划的重要内容之一；另一方面，在人民公社化运动中，我国正式大规模地开展乡村规划和村庄规划（安国辉，2009），1958 年 8 月《中共中央关于农村建立人民公社问题的决议》里指出要把人民公社建立成一个工农商学兵一体化的乡村公社，紧接着 9 月份农业部（现为农业农村部）发出通知，要求各省市在"今冬明春"全面展开人民公社规划，要求规划除了农、林、牧、渔的产业发展规划外，还包括平整土地、整修道路、建设新村等。因此，人民公社规划可以看作是我国开展乡村规划的起点，但是由于遇上三年经济困难时期以及当时"快速规划"思想的影响，同时缺乏相应的规划理论指导，导致此时的规划效果很差、流于形式，而村庄规划则依附于村镇规划。另外，由于"生活集体化"思想的指导，开始出现由个体向集体的转向，且部分地区出现了撤区并乡现象，同时村庄建设中也出现了集体活动的场地，村民的居住布局也受到不同程度的影响。

（3）"农业学大寨"时期（1965—1978年）

在纠正了"大跃进"和"人民公社化"运动后，中国的村庄规划在建设规划部门的指导下，获得了若干年的平稳发展。在"文化大革命"期间，中国的村庄发展逐步放缓，经济和技术力量不断减弱，严重阻碍了村庄建设和村庄规划的正常发展。1964年年底，周恩来总理在《政府工作报告》中表扬了大寨县的生产成就，并开展了轰轰烈烈的"农业学大寨"运动。虽然在文革时期，但是全国各地均以大寨县为样本，展开了一定程度的村庄建设和规划活动。比如，农田基本建设、兴修水利、土地平整等，都为将来的村庄格局打下了基础。

2.3.2 中国村庄规划起步阶段（1979—1995年）

改革开放后，中国的经济与社会发展进入了新的阶段。村庄规划则紧跟改革步伐，在实践中不断展开探索并逐步得以形成独立的村庄规划体系和规范体系。但是此阶段的村庄规划内容均基于实际建设的需要，未能从宏观的层面对村庄规划的内容进行统筹。而在经济建设大潮中，由于缺乏对村庄的统筹规划，逐渐导致了城乡发展两极分化、"三农"问题凸显。此时的村庄规划则主要服务于区域经济发展和国家政策号召。即便如此，中国真正的村庄规划也实现了从无到有的突破，并在法律法规上得到了确认。

（1）村庄住房建设规划时期（1979—1986年）

中共十一届三中全会之后，全国各地均展现出了充足的活力，尤其是农村鼓励农民自主建房的政策出台之后，村庄的建设达到了小高潮，但是出现了无序建房、占用耕地等现象。为了规范并指导社会主义新农村建设，当时的国家建委、国家农委、农业部、建材部和国家建工总局等部门于1979年在山东青岛召开了第一次全国农村房屋建设工作会议，会上明确提出了村庄建设须规划先行的共识，并提出要在总体规划的指导性做好居民点规划的要求

（王立权[①]，1980），由此村庄规划的实践与理论体系开始逐步形成。随着家庭联产承包责任制的实施，村庄的经济活力得到了释放，农村掀起了住房建设的热潮。为应对农村住房建设日趋膨胀的需求，1982 年国家基本建设委员会、国家农委印发了《村镇规划原则》《村镇建房用地管理条例》（随后被《土地管理法》替代），并制定了"先粗后细"的工作方法。此阶段，村庄规划通过前期的探索与经验总结，已经逐步呈现雏形；但是，由于当时的城乡二元结构和城市本位思想的影响（葛丹东[②]，2010），村庄规划工作的重要性并未得以体现，且村庄规划集中于指导农村居民的住房建设，即只为解决当时的实际问题，未能从规划的角度对村庄、村镇、城乡的布局作出统筹安排。

（2）村庄与集镇综合规划时期（1987—1995 年）

随着乡镇企业的飞速发展，中国小城镇进入了快速发展的阶段。中共中央提出了以小城镇带动村庄发展的策略，出台了有关农村小集镇的政策，构建以"县城 – 中心集镇 – 一般集镇"的小集镇发展网络（杨蒿[③]，1988）。村庄规划逐步从村庄住房规划转向村庄的综合规划，以适应小城镇的带动效应。国家先后出台了有关村镇规划和建设的相关文件，为村庄规划提供了必要的政策法律依据，至此村庄规划开始走向正式化与规范化。此阶段的村庄规划逐步从前期村庄规划的住房管理转向综合管理，但是由于此阶段的发展重点为小城镇，村庄的发展并未获得重视，且村庄规划需服从于集镇发展的需要，导致了城乡发展的两极分化、村庄规划内容空洞并延续了城市规划的思维。

表 2-2　村镇规划建设法规文件

法规名称	颁布年份	发文部门
村镇规划原则	1982 年	国家建委、国家农业委员会
中华人民共和国土地管理法	1986 年、1988 年	全国人大
村庄和集镇规划建设管理条例	1993 年	国务院
村镇规划标准	1994 年	国家技术监督局、建设部
建制镇规划建设管理办法	1995 年	建设部

资料来源：根据公开资料整理

[①]　王立权.全国农村房屋建设工作会议在青岛召开［J］.农业工程.1980.1：31.
[②]　葛丹东.中国村庄规划的体系与模式——当今新农村建设的战略与技术［M］.南京：东南大学出版社.2010：57.
[③]　杨蒿.以中心集镇为建设重点［J］.小城镇建设.1988.2：7.

2.3.3 中国村庄规划快速发展阶段（1996 至今）

进入 1990 年代后期，中国城乡发展两极分化越来越显著，农村农业农民发展问题日益迫切，村庄规划的作用再次得到重视。尤其是自然村的散落布局，难以满足城市化进一步发展的需要，进而开始出现以中心村规划为核心的探索阶段。此阶段的村庄规划体系在实践和理论两个层面均得到完善。随着 2008 年《城乡规划法》的出台，村庄规划正式得到了法律层面的认可。基于不同时期的规划重点，还可以细分为如下五个时期。

（1）中心村规划试点时期（1996—2000 年）

中国的中心村规划的探索始于 20 世纪 90 年代中期，伴随着村庄的散落布局难以满足城市化发展的需要，如为了集约土地利用、进一步加快实现城乡一体化的需要，上海市开始试点中心村规划建设，并要求 1998—2000 年基本建成 21 个试点中心村的规划框架（中心村规划调研组[①]，1998）。此阶段学者们[②③]结合实际情况开始对中心村展开探索，上海等地区也开展了中心村规划，并明确提出中心村规划应包含中心村的数量、布点、规模、归并方向等内容。中心村规划试点是中国村庄规划的重要组成部分，也是加快城乡一体化、顺应城市化需要、解决城乡发展两极分化的有益探索。广州市在 1997—1998 年间先后出台《广州市中心村规划编制技术规定》和《广州市中心村规划编制和审批暂行规定》，选择全市 280 个村作为中心村，参照城市规划的管理体系，分为现状调查研究与分析、中心村村域规划、中心村建设用地规划和中心村近期建设规划四个部分（葛丹东，华晨，2009）。

（2）城乡统筹规划时期（2001—2005 年）

由于前期重点发展小城镇，忽视乡村的发展，导致了城乡发展的两极分化，"三农"问题日益显著，并开始阻碍中国经济的快速发展。2003 年，党中央提出了以城乡统筹为首的五个统筹发展策略的科学发展观，并且作出"两个趋势"的论断，即工业化初期的农业支持工业趋势和一定程度工业化后的工业反哺农业趋势。为了实现统筹发展，更好地实现城市对乡村的带动作用，应将村庄规划纳入城市总体规划中，摒弃"就城市论城市，就乡村论乡村"

---

① 中心村规划调研组.关于上海市中心村若干重要问题的研究［J］.上海城市规划.1995.5：6-9.

② 张长兔，沈国平，夏丽萍.上海郊区中心村规划建设的研究（上、下）［J］.上海建设科技.1999.4.

③ 余国杨.中心村规划——广州农村可持续发展战略［J］.广州师院学报（社会科学版）.2000.19（12）：81-84.（原载于《经济地理》第 16 卷第 6 期，1996 年 12 月）

的规划制定与实施模式（唐凯，2007），而城市规划界开始注重乡村规划，城乡一体化规划开始进入主题（葛丹东 ①，2010）。此阶段，村庄规划开始得到重视，且村庄规划应基于县域总体规划、土地利用总体规划和农业区划，并需要与之相应的专项规划相协调；而村庄规划的内容应包含村庄总体规划和建设规划。虽然村庄规划得到重视，但是其仍处于较低的地位，同时也没有得到法律上的认可，但是此阶段对于城乡规划法的出台呼声渐高。

（3）新农村建设规划时期（2006—2011 年）

2005 年年底，中共中央提出建设社会主义新农村的战略，并于"十一五"规划中提出了按照"生产发展、生活宽裕、乡风文明、村容整洁、管理民主"的总体发展要求进行村庄规划编制。随后，建设部出台了《关于村庄整治的指导意见》，为村庄规划和新农村的初期建设提供了指导性依据。而 2008 年《城乡规划法》的出台，为村庄规划的制定与实施提供了法律依据，至此，村庄规划获得了法律的认可。此阶段，作为城乡统筹时期的延续，以新农村建设为突破口，借助于村庄规划，以加快促进乡村经济发展、改善农村环境、缩小城乡差距。村庄规划迎来了快速发展的好时期，尤其是省直管县政策和"三规合一"的试点，进一步提升了村庄规划的地位。

（4）美丽乡村规划时期（2012—2016 年）

美丽乡村作为社会主义新农村的代表之一，最早由浙江省安吉市提出，并于 2013 年在全国获得广泛的推广。2013 年，住房和城乡建设部公布了全国第一批村庄规划示范名称，通过示范效应带动村庄规划的提升。2014 年，农业农村部开展了中国最美休闲乡村和中国美丽田园推介会，进一步推动了美丽乡村的规划与建设。美丽乡村，顾名思义应注重村庄的自然生态环境，重点发展绿色环保产业；同时，关注村庄的历史文化，充分挖掘和有效保护；另外，还需要对村庄的未来发展进行准确定位，充分发挥规划的力量实现村庄的可持续发展。村庄的规划已经从最初的村庄住房规划和城乡统筹规划，转移到注重村庄内在的生态环境保护。2015 年，住房和城乡建设部出台《关于改革创新、全面有效推进乡村规划工作的指导意见》，提出要在五年内实现村庄规划的"全覆盖"。

（5）乡村振兴战略时期（2017 至今）

2017 年 10 月，中共十九大顺利召开，在该报告中，中国明确将生态文

---

① 葛丹东. 我国村庄规划的体系与模式——当今新农村建设的战略与技术［M］. 南京：东南大学出版社. 2010：57.

明建设定位为"千年大计"，提出"人与自然是生命共同体，人类必须尊重自然、顺应自然、保护自然"。"要牢固树立社会主义生态文明观，推动形成人与自然和谐发展现代化建设新格局"。这标志着中国社会主义建设事业，跨越了农业文明和工业文明之后，正式进入了生态文明的时代。同时，该报告还提出："农业农村农民问题是关系国计民生的根本性问题，必须始终把解决好'三农'问题作为全党工作的重中之重，实施乡村振兴战略"，将乡村振兴战略上升到国家战略层面。随后，中共中央、国务院及相关职能的委办局先后密集发布多条政策意见，贯彻落实乡村振兴战略。

表2-3　十九大之后乡村振兴战略实施政策路线表

时间	发布文件	发文部门
2018 年 1 月 2 日	中共中央国务院关于实施乡村振兴战略的意见	国务院
2018 年 3 月 5 日	2018 年政府工作报告	国务院
2018 年 9 月 26 日	乡村振兴战略规划（2018—2022 年）	中共中央、国务院
2018 年 9 月 29 日	财政部贯彻落实实施乡村振兴战略的意见	财政部
2018 年 9 月 30 日	乡村振兴科技支撑行动实施方案	农业农村部
2018 年 10 月 12 日	促进乡村旅游发展提质升级行动方案（2018 年—2020 年）	国家发改委
2019 年 5 月 24 日	关于建立国土空间规划体系并监督实施的若干意见	中共中央、国务院
2019 年 5 月 28 日	关于全面开展国土空间规划工作的通知	自然资源部
2019 年 5 月 29 日	关于加强村庄规划促进乡村振兴的通知	自然资源部

资料来源：根据公开资料整理

　　作为国家城乡规划行政主管部门，自然资源部以连续发布《关于全面开展国土空间规划工作的通知》《关于加强村庄规划促进乡村振兴的通知》的形式，明确了"集中力量编制好多规合一的实用性村庄规划"；"村庄规划是法定规划，是国土空间规划体系中乡村地区的详细规划，是开展国土空间开发保护活动、实施国土空间用途管制、核发乡村建设项目规划许可、进行各项建设等的法定依据"的法定地位，并明确了新时代村庄规划的总体要求、主要任务、政策支持、编制要求和组织实施。提出"力争到 2020 年底，结合国土空间规划编制在县域层面基本完成村庄布局工作，有条件、有需求的村庄应尽快编制……作为实施国土空间用途管制、核发乡村建设项目规划许可的依据"，为中国村庄规划的编制提供了新的政策依据。

第 3 章　中国乡村发展的新形势

改革开放以来，中国经济总量在获得快速增长的同时，由于受城乡二元结构体制、资源环境约束和非农产业发展滞后等因素的影响，乡村地区自我发展能力持续下降，农业可持续发展面临严峻挑战，城乡差距进一步扩大，农村仍然比较落后。相对于城市日新月异的发展，众多农村面貌没有得到根本改变，城乡差距表现得更明显、更突出。由此引发的乡村建设问题使得人们重新审视原有的发展路径，并逐渐树立新的生态文明发展观和可持续发展的理念。总体上，对中国乡村未来的发展和村庄规划编制，需要站在如下三个重要的新形势基础上进行思考：一是中国经济由高速增长阶段转向高质量发展阶段的新常态下农业供给侧结构性改革；二是在生态文明发展观下的乡村振兴战略；三是国务院机构改革与国土空间规划体系的重构。

3.1 高质量发展与农业供给侧结构性改革

深入推进农业供给侧结构性改革，促进农业高质量发展，补齐农村基础设施和公共服务短板，推进农村人居环境整治，建设生态宜居的美丽乡村，这是乡村地区未来相当一段时间将面临的新形势。

3.1.1 中国宏观经济进入新常态

进入新的历史阶段，中国经济正由高速增长转向高质量发展，经济发展方式要从规模速度型转向质量效率型，产业结构由中低端向中高端转换增长动能，动力由要素驱动向创新驱动转换，资源配置由市场起基础性作用向起决定性作用转换的"新常态"。新常态派生新机遇，也带来新风险和新挑战，这对经济发展全局来说是如此，对乡村地区的发展更是如此。

在经济新常态下，乡村地区发展不平衡、不充分的矛盾表现比城市地区更为突显，具体表现在：农产品阶段性供过于求和供给不足并存，已由总量不足转为结构性矛盾，农业供给质量和效益亟待提高；农业生产者，特别是农民适应新变化、领会新形势和迅速适应市场竞争的意识和能力不足，农村一二三产业融合深度欠缺，懂农业、爱农村、爱农民的"三农"工作队伍建设亟须加强；农村基础设施和民生领域历史欠账较多，农村人居环境和自然生态平衡问题比较突出，距实现乡村全面振兴和农业农村高质量发展还有一定距离；国家支农政策与体系相对薄弱，农村金融服务改革创新的任务仍然艰巨，城乡要素双向合理流动机制亟待健全；农村基层党建工作存在薄弱环节，乡村治理体系和基层社会治理能力亟待强化等。

党的十九大报告进一步明确指出，中国经济已由高速增长阶段转向高质量发展阶段，正处在转变发展方式、优化经济结构、转换增长动力的攻关期，乡村地区的发展要积极适应经济新常态下，经济高质量发展的内在要求，谋划乡村地区发展的科学路径。

3.1.2 农业供给侧结构性改革

"务农重本，国之大纲。"重视农业、夯实农业，历来是各国固本安民之要。近年来，中国在追求高质量发展的过程中，聚焦农业供给侧结构性改革，从调结构、转方式、促改革等角度推出了一系列新政策、新举措。农业供给侧结构性改革要同时考虑农业的结构性矛盾和体制性问题。

表 3-1　农业供给侧结构性改革相关政策文件汇编

政策名称	发文部门	发文时间	政策要点
关于深入推进农业供给侧结构性改革 加快培育农业农村发展新动能的若干意见	中共中央、国务院	2016 年 12 月 31 日	深入推进农业供给侧结构性改革，加快培育农业农村发展新动能，开创农业现代化建设新局面
关于加快推进农业供给侧结构性改革大力发展粮食产业经济的意见	国务院办公厅	2017 年 9 月 8 日	明确了发展粮食产业经济的五大重点任务
关于创新体制机制推进农业绿色发展的意见	中共中央办公厅、国务院办公厅	2017 年 9 月 30 日	全面建立以绿色生态为导向的制度体系
关于加快构建政策体系培育新型农业经营主体的意见	中共中央办公厅、国务院办公厅	2018 年 9 月 28 日	围绕帮助农民、提高农民、富裕农民，加快培育新型农业经营主体

资料来源：根据公开资料整理

从上述政策文件看，农业供给侧结构性改革涉及农业经营主体、农业业态创新、种养结构优化、农产品质量安全、三产融合发展等环节，为村庄规划编制过程中对村庄的发展定位、经济发展规划等提供了政策指引和方向。

3.2 乡村振兴发展战略与生态文明建设

生态文明建设是党的十八大提出的经济建设、政治建设、文化建设、社会建设、生态文明建设"五位一体"总体布局的重要组成部分，是习近平新时代中国特色社会主义思想的重要内容。党的十九大报告提出实施乡村振兴战略，是新时代系统解决中国"三农"问题的战略构想和顶层设计。

3.2.1 乡村振兴发展战略的提出

改革开放以来，中国特色社会主义现代化建设事业取得了举世瞩目的成就，但是，"三农问题"却没有随着经济的迅速发展而得到很好解决，相反，它已经成为制约中国社会发展的重大难题之一。

基于中国乡村地区整体落后的基准面并没有改变，中国乡村仍然面临着发展滞后的严峻形势的基本判断，党的十八大报告提出要"加快完善城乡发展一体化体制机制，着力在城乡规划、基础设施、公共服务等方面推进一体化，促进城乡要素平等交换和公共资源均衡配置，形成以工促农、以城带乡、工农互惠、城乡一体的新型工农、城乡关系"，从国家层面明确了新型城乡关系，确定了城乡一体化建设的方向。因此，未来城乡关系的构建，将改变过去"重城轻乡"的发展思路，强调城乡互动协调发展，重视乡村地区的发展。站在统筹城乡发展的高度，统筹谋划、科学部署、扎实推进乡村地区发展是大背景、大趋势。

在此形势下，党的十九大提出实施乡村振兴战略，明确要加快生态文明体制改革，建设美丽中国。乡村振兴战略是实现中华民族伟大复兴的中国梦的历史使命，是建设社会主义现代化国家的必然要求，也是全体人民实现共同富裕的必然要求。

3.2.2 乡村振兴发展战略的核心内容

乡村振兴战略，既涵盖了以往各个历史时期中国农村战略思想的核心内容，继承了中共对"三农"问题一以贯之的重视，也顺应了国情、农情变化赋予的新内涵，是中国共产党领导层在新时期、新阶段"三农"工作的创新发展理念，也为农业、农村发展注入新动能，是解决人民日益增长的生活需要和不平衡、不充分发展之间矛盾的一个必然要求。

党的十九大报告提出乡村振兴战略按照"产业兴旺、生态宜居、乡风文明、治理有效、生活富裕"总体要求，是对党的十六届五中全会提出的新农村建设按照"生产发展、生活宽裕、乡风文明、村容整洁、管理民主"总体要求的全面升华，在产业、生态、文化、治理、人才等方面更深层次地考虑"三农"问题，指导农业农村现代化建设有序推进。

《国家乡村振兴战略规划（2018－2022 年）》提出按照"产业兴旺、生态宜居、乡风文明、治理有效、生活富裕"总体要求，对实施乡村振兴战略作出阶段性谋划，提出到 2020 年，乡村振兴取得重要进展，制度框架和政策体系基本形成，各地区各部门乡村振兴的思路举措得以确立，全面建成小康社会的目标如期实现；到 2035 年，乡村振兴取得决定性进展，农业农村现代化基本实现；到 2050 年，乡村全面振兴，农业强、农村美、农民富全面实现的目标任务。

2018 年中共中央、国务院印发的一号文件——《关于实施乡村振兴战略的意见》明确了乡村振兴战略的核心内容包括：一是提升农业发展质量，培育乡村发展新动能；二是推进乡村绿色发展，打造人与自然和谐共生发展新格局；三是繁荣兴盛农村文化，焕发乡风文明新气象；四是加强农村基层基础工作，构建乡村治理新体系；五是提高农村民生保障水平，塑造美丽乡村新风貌；六是打好精准脱贫攻坚战，增强贫困群众获得感；七是推进体制机制创新，强化乡村振兴制度性供给；八是汇聚全社会力量，强化乡村振兴人才支撑；九是开拓投融资渠道，强化乡村振兴投入保障；十是坚持和完善党对"三农"工作的领导等十大方面，为扎实有效开展乡村振兴各项工作指引了方向。

2019 年和 2020 年中共中央、国务院印发的一号文件也分别提到以实施乡村振兴战略为总抓手，对标全面建成小康社会"三农"工作必须完成的硬任务；抓紧研究制定脱贫攻坚与实施乡村振兴战略有机衔接的意见"。实施乡村振兴战略是决胜全面建成小康社会、实现第一个百年奋斗目标，开启全面建设社会主义现代化国家新征程的必然要求。

3.2.3 乡村振兴战略对村庄规划的要求

《中共中央、国务院关于实施乡村振兴战略的意见》指出，要强化乡村振兴规划引领。首先是要求制定《国家乡村振兴战略规划（2018—2022年）》，分别明确至2020年全面建成小康社会和2022年召开党的二十大时的目标任务，细化实化工作重点和政策措施，部署若干重大工程、重大计划、重大行动。

其次，各地区各部门要编制乡村振兴地方规划和专项规划或方案。加强各类规划的统筹管理和系统衔接，形成城乡融合、区域一体、多规合一的规划体系。根据发展现状和需要分类有序推进乡村振兴，对具备条件的村庄，要加快推进城镇基础设施和公共服务向农村延伸；对自然历史文化资源丰富的村庄，要统筹兼顾保护与发展；对生存条件恶劣、生态环境脆弱的村庄，要加大力度实施生态移民搬迁。此外，《意见》还对推进健康乡村建设、持续改善农村人居环境等方面提出了规划工作指引。

随后于2018年5月31日出台的《国家乡村振兴战略规划（2018—2022年）》指出，要推进城乡统一规划，通盘考虑城镇和乡村发展，统筹谋划产业发展、基础设施、公共服务、资源能源、生态环境保护等主要布局，形成田园乡村与现代城镇各具特色、交相辉映的城乡发展形态。强化县域空间规划和各类专项规划引导约束作用，科学安排县域乡村布局、资源利用、设施配置和村庄整治，推动村庄规划管理全覆盖。综合考虑村庄演变规律、集聚特点和现状分布，结合农民生产生活半径，合理确定县域村庄布局和规模，避免随意撤并村庄搞大社区、违背农民意愿大拆大建。加强乡村风貌整体管控，注重农房单体个性设计，建设立足乡土社会、富有地域特色、承载田园乡愁、体现现代文明的升级版乡村，避免千村一面，防止乡村景观城市化，为下一步各地方的村庄规划编制提出了具体的要求。

各地方在编制村庄规划时，紧紧围绕"产业兴旺、生态宜居、乡风文明、治理有效、生活富裕"总体要求，在透彻分析现状，发现存在问题和发展潜力的基础上，制定整体发展、整治及管控方案，切实落实做好村庄规划促进乡村振兴的新要求。

3.3 机构改革与国土空间规划体系重构

党的十八大报告明确指出，生态文明建设是关系到我们民族复兴，屹立于世界东方的重要举措。中共中央站在新时代和战略的高度，把生态文明建设与经济建设、政治建设、文化建设、社会建设一并作为中国特色社会主义事业"五位一体"总体布局，统筹推进总体布局和协调推进"四个全面"战略布局的核心内容，开展一系列根本性、开创性、长远性工作，其中最为重要的一环是推动党中央和国务院机构改革，并以此为契机，对此前乱象丛生，九龙治水的中国规划体系进行全面梳理，建构全新的国土空间规划体系，明确村庄规划在国土空间规划中的地位和作用。

3.3.1 生态文明建设背景下的机构改革

党的十九大报告指出"建设生态文明是中华民族永续发展的千年大计。必须树立和践行绿水青山就是金山银山的理念，坚持节约资源和保护环境的基本国策"。自然资源和生态环境两个要素是生态系统的重要组成部分，自然资源要素在生态文明建设中起着基础性作用。生态要素具有资产和公共物品的双重属性，如自然资源具有公共物品属性，大气环境具有资产属性，生态环境的公共属性决定了在生态文明建设中，既要发挥政府这个有形的手的宏观管理作用，以弥补市场缺陷，解决市场不能解决的问题；又要发挥市场这个无形的手的决定性作用，以提高效率。

在中国此前的行政管理体制下，自然资源的原有管理职能，分散在各个部门，容易出现"见到好处抢着要，见到问题绕道走"的情形，规划"打架"现象时有发生。如国民经济和社会发展规划、城乡总体规划以及土地利用总体规划等规划之间的法律依据、规划期限、分类标准等均不尽相同。国民经济和社会发展规划编制的法律依据是《中华人民共和国宪法》，规划期限为 5 年；而城乡总体规划编制的法律依据则为《中华人民共和国城乡规划法》，规划期限为 15 年；土地利用总体规划的法律依据则为《中华人民共和国土地管理法》，期限为 10—15 年。在规划的空间管控上，三个规划同样存在不统一和矛盾的地方。在规划编制的过程中，有包括发展与改革委员会、规划建设管理部门、国土管理部门、环境保护部门等多个不同的管理部门；有包括主题功能区划、城乡总体规划的空间管制规划、土地利用总体规划的空间管制规划、环境功能区划等多种管制模式。这种事权划分造成土地利用布局差异显著，最终导致规划空间管控能力降低，大量建设用地指标不能直接使用，不利于存量用地盘活、不利于生态用地保护等问题凸显。在生态文明建设背景下，强调对山、水、林、田、湖、草、海等全空间资源管控来实现生态保护。

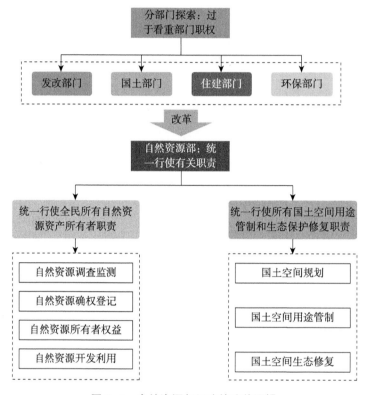

图 3-1　自然资源部组建的改革逻辑

图片来源：吴晓莉等，UPDIS 共同城市，2019

《中共中央关于深化党和国家机构改革的决定》以推进机构职能优化协同高效为着力点，改革机构设置、优化职能配置，将国家发展和改革委员会组织编制主体功能区规划的职责、住房和城乡建设部城乡规划管理的职责及原国土资源部规划职责整合到新组建的自然资源部，由自然资源部负责"统一的空间规划、统一的用途管制、统一的管理事权"。赋予了自然资源部行使全民所有自然资源资产所有者职责，是中共中央赋予的重大使命和全新职责，对完善空间治理体系具有重要意义，对促进自然资源的可持续发展发挥着深远影响，为促进国家治理体系和治理能力现代化、为决胜全面建成小康社会、开启全面建设社会主义现代化国家新征程、实现中华民族伟大复兴的中国梦提供了制度保障。国务院机构改革后，从组成部门的安排来看，生态文明建设的管理体制初步理顺，这将对中国生态文明建设的精细化管理起到积极作用。

《中华人民共和国宪法》规定，国家矿藏、水流、森林、山岭、草原、荒地、滩涂等自然资源属国家所有，自然资源部的组建，可以统一行使全民所有的自然资源资产所有权人的职责，国务院授权自然资源部作为自然资源管理的代理人，自然资源产权更加明晰。

3.3.2 机构改革基础上的规划体系重构

为加快生态文明制度建设，2013 年在《中共中央关于全面深化改革若干重大问题的决定》中我国首次正式提出建立空间规划体系。2015 年《生态文明体制改革总体方案》对空间规划作出了明确规定和具体要求，奠定了空间规划体系构建的总基调。

2019 年 5 月，在顺应国务院机构改革要求的基础上，中共中央、国务院出台《关于建立国土空间规划体系并监督实施的若干意见》，重构了中国实施多年的规划体系，提出"国土空间规划是国家空间发展的指南、可持续发展的空间蓝图，是各类开发保护建设活动的基本依据。建立国土空间规划体系并监督实施，将主体功能区规划、土地利用规划、城乡规划等空间规划融合为统一的国土空间规划，实现多规合一，强化国土空间规划对各专项规划的指导约束作用，是党中央、国务院作出的重大部署"。

在生态文明新时代背景下，国土空间规划的提出是城市规划工作从工业文明视角下单纯注重土地空间使用"蓝图"的工具理性，到生态文明时期强调对山、水、林、田、湖、草、海等全空间资源管控的生态理性转变。

国土空间规划体系的构建是生态文明建设的需要，即通过对空间资源的紧约束，去倒逼发展方式的转型；是高质量发展的需要，即通过发展方式转变，提高资源投入产出效益，实现更高质量、更可持续的发展；是高品质生活的需要，即强调以人为本，在尊重自然、与自然和谐共生的基础上，为人们提供更高品质的生活供给和生态产品，包括清新的空气、清洁的水源、舒适的环境、宜人的气候等；是高水平治理的需要，就是在时间维度对空间进行治理管控，及时调整和解决发展过程中人口、资源、环境、经济等方面不平衡、不匹配的问题。

3.3.3 国土空间规划体系下的村庄规划

根据《中共中央 国务院关于建立国土空间规划体系并监督实施的若干意

见》，国土空间规划体系从规划层级和规划内容来说，可以归纳为"五级三类"。"五级"是指从纵向看，分为国家级、省级、市级、县级、乡镇级，对应中国的行政管理体系。不同层级规划的侧重点和编制深度不一样，国家级规划侧重战略性，省级规划侧重协调性，市县级和乡镇级规划侧重实施性。"三类"是指规划类型，分为总体规划、专项规划、详细规划。

总体规划强调的是综合性，是对一定区域，如行政区全域范围涉及的国土空间保护、开发、利用、修复作全局性的安排。专项规划强调的是专门性和专业性，同时强调国土空间规划对专项规划的指导约束作用，一般是由自然资源部门或者相关专业部门来组织编制，可在国家级、省级和市县级层面进行编制，特别是对特定的区域或者流域，如粤港澳大湾区、京津冀都市圈、长江经济带流域等特定区域，或者特定的相关专业领域，如交通、水利、林业、旅游、环境保护等为体现特定功能对空间开发保护利用作出的专门性安排。详细规划强调的是实施性，一般是在市县以下组织编制，是对具体地块用途和开发强度等作出的实施性安排，是开展国土空间开发保护活动，包括实施国土空间用途管制、核发城乡建设项目规划许可，进行各项建设的法定依据，并特别明确，在城镇开发边界外，村庄规划作为详细规划进行定位，作为城镇开发边界外的管控抓手和依据。

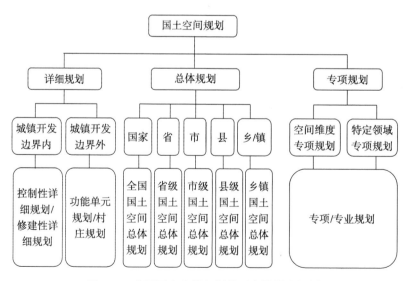

图 3-2　中国国土空间规划体系中的村庄规划

图片来源：深圳城市空间规划设计研究院，2019，有调整

2019 年 1 月，中央农办、农业农村部、自然资源部、国家发展和改革委员会、财政部五个部门联合印发的《关于统筹推进村庄规划工作的意见》提出，实施乡村振兴战略，首先要做好法定的村庄规划。把加强村庄规划作为实施乡村振兴战略的基础性工作。到 2020 年年底，结合国土空间规划编制在县域层面基本完成村庄布局工作，有条件的村可结合实际单独编制村庄规划，做到应编尽编。

2019 年 5 月，自然资源部办公厅印发的《关于加强村庄规划促进乡村振兴的通知》提出，村庄规划是法定规划，是国土空间规划体系中城镇开发边界外的详细规划，是开展乡村地区国土空间开发保护活动、实施国土空间用途管制、核发乡村建设项目规划许可、进行各项建设等的法定依据。在规划过程中，要整合村土地利用规划、村庄建设规划等乡村规划，实现土地利用规划、城乡规划等有机融合，编制"多规合一"的实用性村庄规划。

村庄规划范围为村域全部国土空间，可以一个或几个行政村为单元编制。村庄规划要着力构建以空间规划为基础、以用途管制为主要手段的国土空间开发保护措施，解决因无序开发、过度开发、分散开发导致的优质耕地和生态空间占用过多、生态破坏、环境污染等问题。

"三区三线"划定是国土空间规划的核心内容之一，目的在于以确保主体功能区战略精准落地为基础，划定城市开发边界、永久基本农田红线和生态保护红线，形成合理的城镇空间、农业空间、生态空间布局，构建国土空间精准管控的基本框架。"三区三线"的划定过程中，对乡村地区的考虑无疑超越了此前所有规划体系的力度，永久基本农田红线和农业空间的划定，为后续乡村功能单元规划提供了基础。

第4章　新时代村庄规划基础理论

生态文明时代的村庄规划编制，是一项全局性、综合性和实操性的工作，要从生态文明的基础理论出发，立足当前，面向未来，统筹兼顾，综合布局，处理好局部与整体、近期与长远、需要与可能、经济建设与社会发展、村庄建设与环境保护、进行现代化建设与保护历史遗产等一系列关系。通过村庄规划引领，促进乡村健康发展，为村民创造良好的生产、生态和生活环境，涉及政治、经济、文化和社会生活等各个领域，需要乡村经济学、乡村地理学、乡村社会学、乡村治理学等学科的理论和方法的支撑。

4.1 生态文明理论

生态文明是经过农耕文明、工业文明之后的现代文明的高级形态，生态文明的提出意味着人与自然的关系达到了一个更高的文明程度。从工业文明到生态文明，是在一个新的历史阶段对人与自然关系的调整，其实质是从人类对自然资源的无限消耗、对自然空间的无限扩张到自我克制和自我约束，最终的目的是回归人与自然的和谐共生。同时，由于人对美好生活的更高追求，最终的目的是实现自我约束下的更高质量、更高品质、更加公平、更可持续的发展，也就是以少的资源消耗获得最大可能的回报产出，以少的自然扰动获得最大的发展效益。

4.1.1 生态文明理论的经济学基础

生态经济学是生态文明理论的基础理论之一。在传统工业经济理论体系中，劳动力、资本和土地是核心的生产要素，在生产的过程中，只要对这些要素进行支付与补偿即可，对于没有列入创造财富要素的环境和自然资本要素，即使在生产过程中造成了环境污染和生态破坏，企业也没有必要进行补偿。而生态经济学认为，生态资源、自然资本都是参与财富生产的重要要素，在生产过程中，不仅应该对其进行保护与补偿，还应该将其作为财富的重要来源。在生态经济的范畴内，环境保护与财富增长是密不可分的互动关系，而不是对立的关系。要走出环境保护与财富增长对立的困境，就必须把环境保护与生态经济相结合，同时把生态资源和生态环境看成稀缺资源和自然资本。

生态文明理论为实现城乡两元文明共生、城乡均衡发展的中国特色城市化模式提供了新的解决方案。生态文明建设对未来的发展提出了可持续性、均衡性、整体性、和谐性、发展性和多样性的新要求。生态文明要求人口环境与社会生产力发展相适应，使经济建设与资源、环境相协调，实现良性循环，保证世代永续发展。没有可持续的生态环境就没有可持续发展，保护生态就是保护可持续发展能力，改善生态就是提高可持续发展能力。

4.1.2 生态文明理论的生态价值

"生态价值"概念是生态哲学的一个基础概念。首先，地球上任何一个生物物种和个体，对其他物种和个体的生存都具有积极的意义（价值）；其次是地球上的任何一个物种及其个体的存在，对地球整个生态系统的稳定和平衡都发挥着作用；第三，自然界系统整体的稳定平衡是人类生存的必要条件，因而对人类的生存具有"环境价值"。生态价值不同于通常我们所说的自然物的"资源价值"或"经济价值"。生态价值是自然生态系统对人所具有的"环境价值"。

对人而言，自然所具有的"经济价值"与"环境价值"是两种不同性质的价值：自然的经济价值或资源价值，是一种"消费性价值"。消费就意味着对消费对象的彻底毁灭，因而自然物对于人的资源价值或经济价值是通过实践对自然物的"毁灭"实现的；而"环境价值"则是一种"非消费性价值"，这种价值不是通过对自然的消费，而是通过对自然的"保存"实现的。解决工业文明时期自然与人类生存悖论的唯一途径是必须把人类对自然的开发和消费限制在自然生态系统的稳定、平衡所能容忍的限度以内。要做到这一点，就必须减少人类对自然的消费，以维护自然生态系统自我修复能力。中共"十八大"报告明确指出："坚持节约资源和保护环境的基本国策，坚持节约优先、保护优先、自然恢复为主的方针"，为的就是"给自然留下更多修复空间"，以推进绿色发展、循环发展、低碳发展。

4.1.3 生态文明理论的文化价值

18 世纪开始的西方启蒙运动开启了工业文明时代，形成了征服自然、主宰自然、掠夺自然的工业文明发展观。这种哲学、发展观应当为当今世界发生的生态危机、环境危机承担思想上的责任。生态文明建设，同样要有一个世界观、价值观、伦理观的根本变革。从这个意义上来看，生态文明是人类历史上的又一次"启蒙运动"。人类的"第一次启蒙"使人确立了主体性，而人类的"第二次启蒙"则要使人认识到，只有规范和约束主体性，使人类的实践活动不超出自然界的生态系统的掌控，生态系统才能保持稳定平衡，人类才能可持续地生存下去。对于处在后工业文明时期的中国而言，需要树立尊重自然、顺应自然、保护自然的生态文明理念，站在中国特色社会主义全面发展和中华民族永续发展的高度，充分认识生态文明建设的重要性、必要性、紧迫性，把生态文明建设放在重要突出地位，融入经济建设、政治建设、文化建设、社会建设等国家建设的全过程。

4.1.4 生态文明理论的中国实践

"生态文明观"的核心要义指规划重点应从人类聚居系统转向人地关系地域系统，将人地关系作为规划研究的主线，强调"人与自然是生命共同体"。人地关系地域系统将人类聚居系统视作区域生态系统的组成部分，强调人与地的双向互动关系，强调规划要尊重资源环境承载能力，优先保护生态空间，逐步扩大生态空间面积。

2005 年，时任浙江省委书记习近平到浙江省湖州市安吉县天荒坪镇余村调研时，首次提出了"绿水青山就是金山银山"的理念。随后，习近平在《浙江日报》"之江新语"专栏发表《绿水青山也是金山银山》一文，进一步将"两山"理论系统化。2006 年，习近平在中国人民大学的演讲中系统地阐述了"绿水青山"和"金山银山"之间的辩证统一关系，之后在国际场合，也抓住机会生动阐述"两山"理念。2015 年 3 月 24 日，中央政治局会议通过了《关于加快推进生态文明建设的意见》，正式把牢固树立"绿水青山就是金山银山"的理念写进中央文件，为推进新时代中国特色社会主义事业奋斗指明了方向并一以贯之，努力走向社会主义生态文明新时代。此外，还包括"人与自然和谐共生""良好生态环境是最普惠的民生福祉""山水林田湖草是生命共同体""要像保护眼睛一样保护环境""生态环境保护是功在当代,利在千秋的事业""生态环境是关系党的使命宗旨的重大政治问题""用最严格制度最严密法制保护生态环境""对造成生态环境损害负有责任的领导干部,必须严格追责""生态兴则文明兴,生态衰则文明衰""共谋生态文明建设,深度参与全球环境治理"等生态文明要求和方针。

"两山"理论是一个以中国实践为依据,以尊重人民群众实践经验为出发点,以马克思主义辩证思维为指导的思维创新与理论创新,是生态文明理论的中国化实践,是中国生态文明建设和绿色发展的内生之路,是探索成本内化的新经济模式。所谓成本内化的新经济模式,就是将生态环境资源纳入经济系统中,把生态环境与自然资本看成经济增长的内生资源和重要要素,从而实现环境收益与经济收益的同步增长。

"两山"理论是对生态文明时代基于自然资源资本新经济的提炼和阐述,为中国迈向生态文明时代新经济之路打开了思路,破解了许多在工业经济学框架下无法解决的难题。中国坚定不移地走绿色发展之路,是一条创新之路,是一条不同于西方工业化的新文明之路,受到了联合国环境署的高度认可。2016 年 5 月,联合国环境规划署根据"两山"理论发表了《绿水青山就是金山银山:中国生态文明战略与行动》报告,该报告对习近平总书记的绿色发展思想和中国的生态文明理念给予了高度评价。从这个意义上讲,"两山"理论不仅为指导中国绿色发展做出了贡献,也对世界生态文明建设做出了重大贡献,它从根源上化解能源环境危机的新思路、新突破,是基于东方智慧的系统内生的治理之路,是对世界环境治理的新贡献。

4.2 乡村发展理论

中国是一个具有数千年农耕文明的农业大国,乡村的发展直接决定着国家发展的大势。作为传统农业大国,中国"重农抑商"政策延续了数百年,直至近代以来开始实行"重商"政策,"商本"替代"农本"的历史趋势在洋务运动、戊戌变法过程中得到强化,推动了中国近代城市化的进程,尤其是改革开放以来,快速城市化的进程迅速拉大了中国城市与乡村的差距。进入新时代,中国乡村发展何去何从,如何处理乡村与城市的关系,是乡村经济学、城乡协同发展、城乡公平共享发展等相关理论关注的重点话题。

4.2.1 乡村经济学理论

乡村经济学理论体系包括农村经济学理论体系和农业经济学理论体系。前者从广义上说，包括农村经济学的基本理论、发展史和思想史，农村生产力经济学，农村人口经济学，农村建设经济学等。从狭义上说，包括农村经济在国民经济中的地位和作用，农村社会经济结构，农村资源利用，农村生产部门经济，农村生产的组织和管理，农村经济管理体制，农村人口与就业，农村居民生活、农村建设等。

农业经济学是研究农业中生产关系和生产力运动规律的科学。农业经济学学科建设随着农村改革的深入及市场经济的快速发展，尤其是新中国成立后，特别是改革开放以来，在工业化、城镇化、农业现代化发展进程，深入研究农村改革问题、农村基本经济制度、农村土地、农民工等问题等，形成了比较丰富的中国特色农业经济学理论体系，进入新时代，聚焦乡村振兴，跟踪研究"三农"前沿问题，农业经济学将进一步探索农业现代化发展规律。农业经济学在其发展过程中，又逐渐分解为许多分支学科的趋势。20世纪50年代以来，农业经济学派生出包括农场管理学、农业生产经济学、农产品运销学、农业金融学、土地经济学、农工商联合企业管理学、农业政策学等更加细分的学科。如今更加注重发展农学、生命科学和农业工程为方向的研究型大学，形成优势互补的农业与生命科学、资源与环境科学、信息与计算机科学、农业工程与自动化科学、经济管理与社会科学等学科群。

上述学科研究的各种农村、农业、农民问题，都是村庄规划过程中需要具体关注和提出解决方案的问题，因此需将这些学科的理论与方法和村庄规划基础理论与方案进行结合，才能使规划方案真正的接地气，满足村庄发展的实际需要。

4.2.2 乡村协同发展论

协同论作为"新三论"之一，源于现代物理学和非平衡统计物理学，是在经济、社会、生态协同发展的过程中引入协同学，以研究不同事物共同特征及其协同机理的新兴学科。所谓协同发展，即协调或协作发展，是协调两个或者两个以上的不同资源或者个体，相互协作完成某一目标，达到共同发展的双赢效果。乡村发展亟须从传统的单一、单向、封闭的模式向多学科、多要素协同发展的综合体系转变。

协同发展论已被当今世界许多国家和地区确定为实现社会可持续发展的基础，并成为指导乡村规划的重要理论之一。在协同发展论之下，竞争机制将体现出以下原则：多样性原则，即通过制度、体制、科学、教育和道德规范等多种内容的共同竞争，相互促进，进而达到社会的多样性、全面性的协同发展；竞争的公平性，即多种成分、多种形式在同等生存条件下进行公平竞争；协同性，即竞争的目的是促使双方发挥各自特长，或继续发挥优势，或及时转轨创新，以求得双方的共同发展和社会共同繁荣。

乡村发展过程中的协同，至少需处理好以下三方面的协同关系：一是体制改革和政策落实的协同。乡村规划处理好体制改革和政策落实的协同，有利于推进乡村农业产业发展、实现农民增收，为农村社会进步奠定物质基础。二是经济发展和社会治理的协同。在乡村规划中，着眼于解决"三农"问题，让农民充分享受社会发展带来的丰硕成果，通过发展农村经济，促进农民增收，改善和提高农民生活质量，让农民安居乐业的同时，在农业产业发展的基础上完善农村社会治理体系，提高农民医疗卫生、文化教育等公共产品和服务的供给数量和质量，以此来处理好农村经济发展和社会进步之间的关系。三是价值观引导和生态环境建设的协同。在乡村规划中还需满足农民的精神文化生活的日益丰富、形式多样，并以此帮助农民树立生态环境保护意识，不断改善农村的生态环境①。

4.2.3 乡村公平发展论

公平论是 20 世纪 50 年代由英国法学家哈特首先提出的，并由美国哲学家罗尔斯在 20 世纪 60 年代加以发展的一种守法义务论。其主要内容是：研究社会分配的合理性、公平性对社会成员产生的影响，强调公平及公平的激励机制对人的行为的积极影响。

乡村公平发展关注的主要有如下几个方面：一是城乡发展的社会公平和空间公正。改革开放以来，传统的自上而下的、政策服务导向的城乡规划在助推了经济增长与秩序维持的同时，在一定程度上忽略了对城乡潜在社会风险的考量②。在城市化推动下的非农经济给村庄发展带来新的机会，创造了土

---

① 郑丽果.城乡一体化与乡村振兴如何协同发展［J］.人民论坛，2018（30）：78-79.
② 周俭，钟晓华.城市规划中的社会公正议题——社会与空间视角下的若干规划思考［J］.城市规划学刊，2016（5）.

地经济租金，依赖土地经济租金的村庄发展造成城乡统筹规划中的社会公平问题，土地经济租金归公用于城市基础设施建设是促进城市化发展中社会公平的一个重要议题①。二是乡村发展主体参与乡村决策机会的均等与治理公平。乡村发展决策与治理过程中，不同的利益主体在决策过程中的角色地位，公众参与程度与方式，都是乡村公平发展关注的重要问题。三是乡村发展要素的公平与认同。按照新时代乡村经济建设、政治建设、文化建设、社会建设、生态文明建设"五位一体"的要求，在乡村发展过程中，任何一个要素价值的缺失，都会导致乡村发展的不平衡或不公平。因此村庄规划需要充分发挥公平发展的相关理论，在空间公正、主体公平、要素均等方面进行合理设计与引导。

4.3 乡村空间理论

地理空间是农业活动的载体，也是村庄规划的核心对象。乡村地理空间包括农业生产空间、农民生活空间、农户工商业活动空间、农民居住空间、农村社区空间等。乡村地理学是对乡村的形成、功能结构、发展演变及其空间体系分布规律进行系统研究，探索不同地区乡村的经济、社会、人口、聚落、文化和资源利用等一系列空间问题的学科之一。乡村空间往往是空间经济学、农业经济学、乡村地理学等学科的交叉研究领域，乡村规划空间理论多来源于这些学科。在村庄规划过程中，应用较多的是农业区位论、生活圈层理论。

4.3.1 农业区位论

德国农业经济学家约翰·冯·杜能（Johan Heinrich von Thunnen）于1826年出版的《孤立国同农业和国民经济之关系》一书中，首次系统地阐述了农业区位理论，同时也提出了城市和工业区位问题，不仅仅停留在农业的土地利用上，也对城市土地利用的研究具有重要的指导意义，奠定了农业区位理论的基础。

农业区位论的理论目的是论证对于各地域而言，并非轮作式农业都一定有利，回答以合理经营农业为目标的农业生产一般地域配置原理。该理论基于一系列的理论假设，核心结论是农业生产种类的空间配置，一般而言，在

---

① 朱介鸣，郭炎. 城乡统筹发展规划中的土地经济租金、"乡乡差别"与社会公平［J］. 城市规划学刊，2014（1）.

距城市较近的地方种植生产成本和运输成本高，或易于腐烂必须在新鲜时消费的作物，距城市较远的地方，则种植生产成本和运输成本低的作物。在城市的周边，将形成在某一圈层以某一种农作物为主的同心圆结构，随着种植作物种类的不同，各圈层的农业组织形式随之变化，以城市为中心，由里向外依次为自由式农业、林业、轮作式农业、谷草式农业、三圃式农业、畜牧业组成的同心圆结构（图 4-1）。

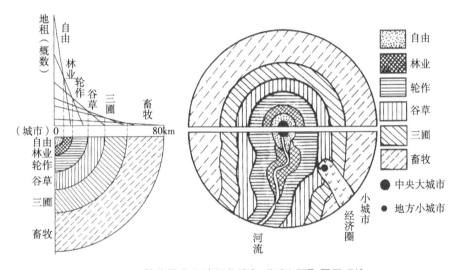

图 4-1　杜能的农业地租曲线与"孤立国"圈层理论

在应用层面，可以分为宏观、中观和微观尺度，宏观尺度的研究实例以乔纳森的欧洲农业分区研究为代表；在中观尺度研究的实例中，中国学者对上海和北京周围的农业土地利用情况的研究，也分别得出与杜能圈结构非常相似的结，以大城市（市场）为中心的土地利用的分圈层形态；微观尺度的研究以纳瓦佛等人在非洲卢旺达丘陵地带农村聚落的研究为代表。

农业区位论随着现代农业发展技术的成熟，也在不断地被修正和验证，如六次产业融合理论可以理解为现代农业区位论的具体形式和时代验证。交通条件的改善也使得杜能环的圈层呈现放大趋势，信息化技术的发展将促使上述圈层出现模糊化特征①。

---

①　顾朝林等 著 新时代乡村规划，科学出版社，2018 年 6 月

4.3.2 生活圈理论

生活圈地理学、规划学研究领域的生活圈概念源引自日本，是指根据居民实际生活所涉及的区域，中心地区和周边区域之间根据自我发展意志、缔结协议形成的圈域。生活圈内各项建设活动，特别是基于生活需求的公共服务的建设运营，是以地区合作为基础、以多方共赢为目标进行的，生活圈内部公共资源及公共服务的获得，除了自助方式以外，还包括互助、共助、公助，从政府、社会层面对市场的服务功能进行补充[①]。

生活圈理论之所以首先由日本提出，是基于日本是一个人多地狭、资源紧张的国家，二战后日本经济遭受重创，随着经济的复苏，城市经济社会实现了快速发展，而农村基础设施建设滞后、生活环境遭到破坏等问题导致农村地区人口过疏，城市化进程也进一步加速了农村地区人口流失，城乡地区差距不断扩大。为缩小城乡地区之间的差距，日本政府逐步开展生活圈建设运动，在促进地区均衡发展及实现公共资源精准配置具有重要意义。在韩国，生活圈理论也被运用于住区规划等不同尺度上的运用[②]。

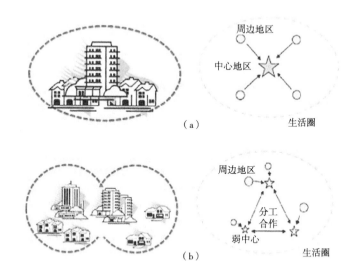

图 4-2　生活单元合作形态示意图

图片来源：刘云刚，侯璐璐，2016

---

① 刘云刚，侯璐璐．基于生活圈的城乡管治理论研究.《上海城市规划》，2016
② 基于"生活圈"理论的村庄布局规划——以泗洪县为例 https：//www.docin.com/p-1467540642.html

生活圈在中国的研究和政策应用近十年来刚刚兴起，理论研究从日本的相关研究出发，提出针对中国实际情况的概念政策、形成生活圈系统模型，应用实践研究通过 GIS 等技术手段探索具体操作方法。实践层面，生活圈视角下的村庄布局规划摒弃了传统村庄布局规划以城市看农村规划视角，通过对农村问题的深入研究，再次将规划的视角切换到农村及其居民的现实需求上，这对解决乡村人口老龄化、空心化、留守儿童等农村问题提供了一定程度的帮助。

4.4 乡村治理理论

乡村是构成社会治理体系最基本的单元，有效的治理尤为重要，从"包产到户"到"社会主义新农村建设"的探索，从"城乡一体化"到"乡村振兴"的实施，都无不体现着乡村治理理论和体系的不断完善。我国乡村地域广阔、人口基数大，伴随着城镇化的进程，乡村发展面临资源约束的压力和城市化浪潮中不断遭到侵蚀、空心化、边缘化甚至不断消亡的村庄，如果通过提升乡村治理水平，实现城乡之间人才、资金和资源的"自由双向流动"，是村庄规划过程中需要进行制度性思考的工作，牢固树立生态文明观，建设生态美丽乡村，是实现乡村有效治理的必然选择。在生态文明时代下的中国乡村，乡村治理更多地需要站在公共政策和基层治理理论的视角进行审视。

4.4.1 公共政策理论

公共政策是指政府通过对资源的战略性运用，处理社会公共事务，在广泛的参与下所制定的以协调和平衡公众利益，达成公共目标、以实现公共利益的行为规范，在社会活动中发挥着导向功能、调控功能、分配功能。因此，很多学者将公共政策的目标导向定位于公共利益的实现，认为公共利益是公共政策的价值取向和逻辑起点，是公共政策的本质与归属、出发点和最终目的。

《中华人民共和国城乡规划法》明确指出，城乡规划是为了加强城乡规划管理，协调城乡空间布局，改善人居环境，促进城乡经济社会全面协调可持续发展制定的。其内容涵盖了城乡规划中各层次各类型的规划，城乡规划由重视经济发展等较为单纯的技术手段不断转向关注公共利益的公共政策。将村庄规划作为一种公共政策或者通过政策措施保证村庄规划的实施已在中国得到广泛接受。特别是近年来，业界及学术界已经将村庄规划理念从对规划图纸的编制转向对规划过程的重视，认为规划的关键在于规划的落地实施。在这个过程中，村庄规划所起的作用是引领村庄未来建设发展目标，而规划成果则充当了政策，引导村庄有序实现目标。因此，在村庄规划的整个体系中，公共政策成为规划工作的重点所在，只有如此，村庄规划才有可能真正地担当起统筹和引导乡村发展的使命。

4.4.2 基层治理理论

在基层治理过程中，包括新公共服务理论、网络化治理理论、整体性治理理论、数字治理理论和公共价值管理理论等公共治理在内的前沿理论是基层治理的重要理论支撑。基层治理是国家治理的基石，基层治理是否有效，直接决定着国民经济与社会发展是否能可持续发展、繁荣和稳定。乡村治理是国家基层治理的重要组成部分，是影响乡村长治久安的长期工作之一。

在中国数千年的乡村发展历程中，基层治理出现了多种治理模式，在不同的历史背景下，不同的治理模式发挥着不同的作用。在中国古代，曾经长期实行以乡里制度和保甲制度为代表的乡村治理制度。乡村治理制度经历了乡官制时期、转折时期和职役制时期，体现出不同的治理模式。随着中国封建专制的强化，传统的乡村治理受到干预和控制，自治色彩逐步减弱，越来越不适应农村的社会现实，最终被清末地方自治所取代[1]。自明清至1949年，在乡村治理中，宗族治理一度是"正式治理者"，新中国建立后至1978年间，宗族组织则逐渐演变为"非正式影响者"，角色从正式的治理者变成了非正式的影响者[2]。

改革开放以来，中国乡村治理逐渐走上现代化治理的道路，探索"党建+村民自治"模式。在生态文明建设的过程中，乡村面临许多新的问题，需要村庄规划师和操盘手从国家和社会发展战略的高度来探讨基层治理规律，合理设计村庄的未来治理。

---

① 唐鸣，赵鲲鹏，刘志鹏. 中国古代乡村治理的基本模式及其历史变迁 [J]. 江汉论坛，2011（3）：68-72.
② 肖唐镖. 从正式治理者到非正式治理者——宗族在乡村治理中的角色变迁 [J]. 东岳论丛，2008（5）：118-124.

4.5 村庄规划方法论

中国村庄规划的范式被广泛接受和运用，但是其方法论缺陷也较为明显，业界和学术界都在努力探索村庄规划的哲学范式与方法论。有学者从哲学范式的维度概括村庄研究从市场维度研究的施坚雅范式、从文化与权力维度研究的杜赞奇范式、从宗族维度研究的弗里德曼范式以及从经济维度研究的黄宗智范式等四大村庄研究范式[①]。从实践层面看，涉及到比较普遍的方法论包括公众参与理论、共同缔造理论、多规合一以及系统规划理论。

4.5.1 公众参与理论

广义上的公众参与不仅指公民参与政治，还必须包括所有关心公共利益、公共事务管理的人的参与，要有推动决策过程的行动。狭义上，是公众参与政策的表决活动，即由公众参与推动决策的过程，这是现代民主政治的一项重要指标，也是现代社会公民的一项重要责任。中国当前公众参与的主要领域有三个层面，包括立法决策层面、政府管理层面和基层治理层面，第一是立法层面的公众参与，如立法听证和利益关系人参与立法；第二是公共决策层面，包括政府和公共机构在制定公共政策过程中的公众参与；第三个层面是公共治理层面的公众参与，包括法律政策实施，基层公共事务的决策管理等。在规划与城市管理领域，公共参与可涉及城市规划、旧城保护和拆迁的行为等，城乡规划发展的过程中，公众参与为城市发展提供更多元的思考，是城市治理法治目标的必由之路。

西方国家城市的公众参与经历了物质形态建设规划，数理模型规划和社会发展规划几个阶段，城市规划的视角由自上而下转向由下至上的探索：在形态建设规划阶段，公众参与的方式仅限于了解和聆听，规划师根据公众提出的意见对规划进行修改后付诸实施；在数理模型阶段，由于公众很难理解复杂而抽象的数学模型，公众参与的方式仅限于学术机构和研究机构的"精英"层面；在社会发展规划阶段，认为规划的整个过程都充满着选择，做出任何一个选择都是以一定的价值判断为基础的，规划师不应以自己的判断标准来代替社会做出选择。后来发展为"倡导性规划"概念，认为城市规划应

---

① 邓大才.超越村庄的四种范式：方法论视角——以施坚雅、弗里德曼、黄宗智、杜赞奇为例［J］.社会科学研究，2010（2）：130–136.

将社会各层面的利益诉求和价值判断进行综合分析，规划师应正视社会价值的分歧，并选择与社会大多数人士相同的价值观：一方面，规划师承担着公众的社会价值倡导者的责任；另一方面，又要为公众提供规划的技术知识。

在目前中国乡村规划中，公众参与尚存在深度和宽度远远不够、公共参与的机制不够健全等问题，通常表现在参与范围和比例小、存在地区差异、以自发参与为主、组织程度低、公众参与缺乏制度性途径，因此，在组织形式、参与深度、参与流程和机制等方面都有待改进。公众参与是民主的体现，中国公众参与的理论框架、制度框架均不够完善，不仅要提高公众参与市场规划的主动性和提高公众对参与城市规划的热情，更要加强公众参与城市规划和治理制度化、程序化方面的保障，使公众参与成为切实可行、有据可依的规划制度。

4.5.2 多规合一理论

中国传统的城乡规划工作存在"重纵向控制，轻同一空间上横向衔接和联系"的问题，而这恰恰导致在同一横向维度上，不同规划管控逻辑矛盾，造成中国城市空间管理的众多问题。各个规划涉及发改、住房和城乡建设、规划和自然资源等20多个部门分头管理，管理部门之间各自为政的情况，在很大程度上削弱了规划的严肃性、一致性。同时，投资建设信息不透明，信息共享不足，也大大降低了行政效率。2015年，国家发改委、国土部、环保部（现为生态环境部）和住建部四部门联合下发《关于开展市县"多规合一"试点工作的通知》（以下简称《通知》），提出在全国28个市县开展"多规合一"试点。"多规合一"即将国民经济和空间发展规划、土地利用总体规划、城市总体规划以及生态环境、文物保护、综合交通等专项规划的编制、实施进行融合。

多规合一是在系统科学理论研究和"多规集成整合"规划实践探索的基础上逐步形成和发展起来的。各地规划部门持续开展一系列的规划探索，其中具有代表性的有：深圳城市规划"一张图"的探索与实践，上海、武汉、天津等城市的"两规协调"编制，北京从"三规合一"到"五规合一"创新，重庆市城乡"四规叠合"规划尝试等，形成了较为成熟的技术体系和成效，为多规合一理论的丰富和完善提供了很好的实践素材和经验。

全域统筹、城乡一体、多规合一的综合规划是解决这一系列问题的重要途径。通过对经济社会发展规划、城乡规划、土地利用规划、生态环境保护规划、交通规划等规划相衔接，实现多规合一。

通过建立统一的"城乡发展目标、空间坐标体系、建设用地规模、建设用地界线、空间管制及项目库"，实现"一个城镇/村庄一个空间、一个空间一个规划"。多规合一是指导各种法定规划调整和编制的重要工作方法之一，是一种规划协调工作方法，是基于城乡全域空间的衔接与协调，是平衡社会利益分配、有效配置土地资源，促进土地节约利用，提高政府行政效能的有效手段，也是村庄规划过程中必须遵循的工作方法之一。

4.5.3 系统规划理论

系统思维是城市规划工作者所需要具备的基本思维方式，统筹考虑城市里各要素，将其置于城市整体大环境之中。《马丘比丘宪章》指出："不应当把城市当作一系列的组成部分拼在一起来考虑，而必须努力去创造一个综合的、多功能的环境。"城市规划是一项综合而复杂的工作，涵盖各行业专业内容，主要包括规划人口预测、经济预测、土地供给分析、经济活动空间布局、土地利用、综合交通、绿地系统、市政及公共设施、城市发展与环境协调等内容。城市系统规划针对中国现行的规划体系，包括发展规划、土地规划、城乡规划以及各专项规划之间的衔接不畅的问题，提出了包括战略定位、产业发展、空间布局、项目策划、工程建设、资金配置、制度保障和整体营销等内容的一揽子解决方案，为城市空间的可持续发展和城市竞争力的提高提供指导[①]。

城市系统规划作为一种创新的规划整合手段，提出的集资源、经济、社会、技术、管理等于一体的城市发展多维指导体系，符合城市科学发展的总体原则，是对中国新型城市化可持续发展模式的积极探索，正在得到越来越多的关注和应用。城市系统规划理论也在对城市发展动态性和各组成要素之间相互作用重要性的认识基础之上得到不断地发展和完善。

2011 年，住建部"城市系统规划与城市投融资模式创新研究"课题组认为，当前中国城市发展路径的主要特征为区域化的战略视角、城市化与产业互动发展、产业结构优化提升、系统化的发展规划编制和城市开发的金融体

① 刘晓斌，温锋华 . 城市系统规划研究综述与应用展望 [J]. 现代城市研究，2014，（03）：33-38.

系创新。课题组从城市需求的系统化和供给的集成化分析入手，对城市运营体系进行解构，将政府的引导作用限定在城市战略运营层面，包括确定城市的发展战略、空间总体布局、产业发展方向、重大项目引导、公共产品提供、要素市场建立和制度体系保障等；由市场主导城市产品的运营，完成项目规划设计和投资开发。结合城市发展理论和技术方法，提出运用系统规划思想和方法，将国民经济和发展规划、土地利用规划、城乡总体规划以及其他部门的专业规划在内容上进行协调统一，加强衔接，在各部门纵向规划体系之上，强化各规划体系之间的横向联系，通过集成手段系统性地把握城市发展的需求，构建由战略规划、空间规划、产业规划、重大项目策划和投融资规划为主体的城市系统规划体系，形成"决策、管控、执行"的关联结构。

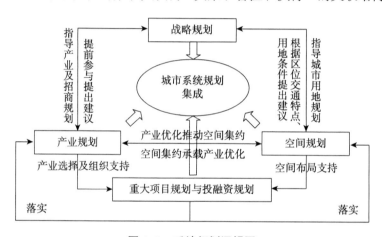

图 4-3 系统规划逻辑图

资料来源：中国城市发展创新模式研究课题组，系统思维提升城市价值：揭秘中国城市发展创新模式[M]. 北京：中国城市出版社，2011.

第 5 章　村域国土空间规划的工作框架

大量实践证明乡村规划和城市规划有很大区别，是相对比较独立的一种规划。村庄规划是在一定的时期内，为实现村庄经济社会发展的特定目标，基于法律的规定，通过采取经济技术手段，对村庄土地利用、空间布局等各项未来建设活动的统筹布局与具体安排，是村庄发展与治理研究领域的学者和管理者在长期实践探索的基础上，摸索构建出来的一套引领村庄健康可持续发展的技术路径，本章基于前述相关理论基础，从村庄规划体系、规划类型特征、规划成果体系、规划管理体系和技术支撑体系等维度，提出新时代背景下村庄规划体系框架。

5.1 "多规合一"的规划体系

根据《中共中央 国务院关于建立国土空间规划体系并监督实施的若干意见》明确的"五级三类"国土空间规划体系，村庄规划属于城市建设边界外的详细规划，然而根据实际工作，我们认为，村庄规划至少在如下维度上，还存在不同的规划体系。一是从国土空间全域的角度，在五级国土空间规划中，从全国到乡镇五个空间维度上，村庄的角色以及规划层面上的定位是有明显的差异的。如从全域规划的角度，在全国、省（市）、市/县级国土空间规划中，需要编制各级村庄布点规划或者各级乡村振兴规划等专项规划。而在乡镇一级国土空间规划中，需要编制村镇体系规划，落实全镇的村庄与集镇体系，明确村庄布点。二是从国土空间专项规划的角度，需要根据村庄建设发展的需要，编制可以指导乡村振兴和解决问题的专项规划，如集中连片美丽乡村示范创建行动规划，人居环境整治规划，多村连片特色小镇规划等。

5.1.1 乡村全域规划体系

（1）省级以上国土空间总体规划中的村庄规划指引

"多规合一"后的国土空间开发保护要实现"一张图"管理，框定生态空间、农业空间、城镇空间"三区"以及生态保护线、永久基本农田保护线和城镇开发边界等"三线"。省级以上国土空间总体规划由于涉及空间尺度较大，总体规划的主要作用是对国土开发的总量规模进行有效的宏观控制，制定各类用地的政策指引，确保对全国或省级"三区三线"的硬约束，落实乡村地区重大基础设施的用地需求，保证乡村地区的基本民生工程等。因此，站在乡村地区发展的视角，省级以上宏观尺度的国土空间总体规划中的村庄规划专项内容，主要解决规划范围内乡村地区划定"三区三线"的指导原则，提出城乡统筹的指导原则，对规划区村庄进行分区分类管控，制定规划范围村庄布点规划的工作指引，提出不同区域乡村的产业发展方向尤其是涉及国家粮食安全的农业产业方向，划分全国或全省村庄管治类型并制定相应的管治措施等。

（2）市县级国土空间总体规划中的村庄规划指引

市县规划是本级政府对上级国土空间要求的细化落实，是对行政辖区内国土空间开发保护活动做出的具体安排，侧重实施性。主要作用：一是落实国家和省级空间规划的关键环节和主要载体，也是落实和深化发展规划有关国土空间开发保护要求的基础和平台；二是市县全域空间发展的指南、可持

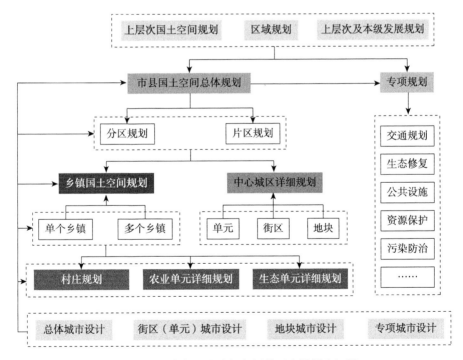

图 5-1　县市级国土空间规划体系中的村庄规划

图片来源：图片来源：吴晓莉等，UPDIS 共同城市，2019

续发展的空间蓝图，是规划期内市县全域各类开发建设活动的基本依据；三是同级专项规划和下层次空间规划的编制依据。

由此可见，县市级国土空间总体规划中对村庄的规划内容主要着力于落实从振兴乡村的角度出发，落实国家和省级空间规划对本区域乡村发展的要求，落实本区域乡村地区重大基础设施和民生工程的用地需求，划定乡村区域的永久基本农田边界线和生态保护线，为县市层面位于城市开发边界以外区域重大项目的建设提供法定依据，成为乡镇一级村庄规划的编制依据等。提出一二三产融合发展指引、耕地保护与现代农业生产指引以及美丽乡村建设指引。在具体的规划体系上，可以进一步分为村庄分区体系和村庄布点原则，前者指划定不同的类型区加强分片空间治理，后者指建立村镇分类等级体系指导村庄建设。

（3）乡镇级国土空间总体规划中的村庄规划指引

在中国现行的行政体制中，乡（Country）和镇（Town）是同一级的基层政府，但是在具体的内涵上，两者还存在一定的差距，主要是体现在城市化水平的差异上，反映差距的核心指标是人口、财政收入和基础设施等。根据中国民政部 1984 年颁布的城乡设镇标准，不同人口密度的地区有所差别，如在人口高密度达到 350 人/平方公里的发达地区，设镇标准为：人口不低于 3.5万人；政府驻地人口不少于 8000 人；财政收入不低于本省平均水平；同时在道路、给排水、绿化、垃圾处理、邮电通讯、文化教育、卫生体育等基础设施与公共服务设施有相应的标准。2000 年，民政部颁布新的设镇标准，对上述 1984 年的标准进行调整。

表 5-1　中国撤乡设镇标准

密度分区	大于 350 人 / 平方公里	100-350 人 / 平方公里	小于 100 人 / 平方公里
全域人口	3.5 万人	2.5 万人	1.5 万人
政府驻地人口	8000 人	5000 人	3000 人
财政收入	不低于全省平均水平	不低于全省平均水平	不低于全省平均水平
镇区道路铺装率	75%	65%	55%
自来水普及率	75%	65%	55%
垃圾处理率	30%	30%	30%
人均公共绿地	10 平方米	10 平方米	10 平方米

资料来源：根据民政部《设镇标准（征求意见稿）》整理

表 5-2　民政部 2000 年设镇标准

人口密度 （人 / 平方公里）	50 以下	50—150 之间	150—350 之间	350 以上
总人口	1 万人以上	1.5 万人以上	2 万人以上	3 万人以上
财政收入	200 万元以上	250 万元以上	300 万元以上	400 万元以上
工农业总产值	1 亿元以上	1.2 亿元以上	2 亿元以上	3 亿元以上
驻地常住人口	总人口 30% 以上			
二三产业在 GDP 中比重	50% 以上			

　　乡和镇是中国现行行政体制中的最基层单位，乡和镇人民政府是中国行政管理体制中最基层和最微观的行政机关，直接面向村民委员会等基层自治与自助组织和村民。因此，乡镇一级的国土空间规划，是指导作为详细规划的村庄规划编制最为重要的一个层次规划，需要对乡镇内部的行政治理结构、国土空间体系等体制机制有一个系统的认识。在充分了解乡镇内部运行机制的基础上，才能更好地为村庄的发展提供具有可操作性，被广大村民所接受的规划方案。从基层治理的角度出发，在乡镇内部，一般会划分成若干个行政村，每个行政村有一个村民委员会，负责村民自治事务。根据地理环境和历史基础，每个行政村又由若干个自然村或村民小组所构成（局部地区仅有一个自然村，或者一个自然村被分成若干个行政村）。根据这些村庄在乡镇发展过程中所起的作用，以及人口、经济、文化发展的水平，还可以进一步分为基层村或者中心村，在国土空间规划的技术导向上进行适当的区分。

　　乡镇级国土空间总体规划是为实现乡镇的经济和社会发展目标，确定乡镇的性质、规模和发展方向，明确乡镇"三区三线"的具体红线范围坐标，协调乡镇各类用地布局和各项建设，是乡镇地区建设管理、生态保护与空间管制的根据。

　　乡镇国土空间总体规划中对村庄发展的规划指引聚焦于划定乡镇内城市开发边界外的永久基本农田边界线和生态保护线，并制定明确的保护措施，落实规划区内的村庄、集镇布点，确定镇域范围内的村庄和集镇的区位、性质、规模和发展方向，明确不同产业功能区域划分，落实乡村地区的交通、给排水、供电、供暖、通信、教育、文体等生产和生活服务设施的配置标准、选址指引及合理的技术指南，为村庄规划的编制提供上位规划依据。

（4）作为国土空间详细规划的村庄规划

根据"五级三类"的国土空间规划体系，村庄规划作为城市开发边界外的详细规划，是对村庄具体地块用途和开发建设强度等作出的实施性安排，是开展国土空间开发保护活动、实施国土空间用途管制、核发城乡建设项目规划许可、进行各项建设等的法定依据。

从详细规划的定位出发，村庄规划的编制，要依据乡镇级国土空间规划的指引，结合村域功能定位，制定村域整体发展、整治及管控方案，明确生态、耕地和永久基本农田保护、完善基础设施和公共设施建设、改善住宅条件和村域环境、传承地域文化和历史文化等方面的需求和目标，明确规划内容和实施路径，制订实施计划，促进农村土地规范、有序和可持续利用，是经济发展新常态背景下，缩小城乡差距，提高人民生活水平、促进农村全面发展，确保如期实现全面小康的必由之路。在内容体系上，可以分为战略目标层面、生态保护、历史传承、设施保障、产业发展、安居乐业等六个维度的内容。

首先，在战略目标层面，要在乡镇规划的基础上，根据各村的历史文化和发展基础，合理制定村庄发展目标，明确村庄的发展特色，基于村庄的发展实际，提出合理的发展目标和政策建议；其次，是生态保护层面，加强生态保护与修复，对乡镇规划层面划定的永久基本农田保护线和生态保护线制定具体执行措施，落实乡镇国土空间规划层面划定的生态保护红线和永久基本农田保护线的成果，打造山、水、林、田、湖、草等生态空间，尽可能多地保留乡村原有的地貌、自然形态等，系统地保护好乡村自然风光和田园景观，各有侧重地制定生态环境系统修复和整治对象与措施；第三，是提出历史文化景观整体保护措施，制定各类建设的风貌规划和引导，凝练村庄特色风貌；第四是，落实乡镇国土空间规划层面制定的各类基础设施的配套规模并划定用地红线，按照不同的村庄类型、不同的配置标准，结合规划发展时序，合理配置相应的基础设施，建立全域覆盖、普惠共享、城乡一体的市政基础设施和公共服务设施网络，确保实现基本公共服务均等化；五是，根据村庄经济基础和内外发展机遇，谋划村庄产业发展，按照"一村一品"的原则，鼓励多村联合建设独具地域风格和独特业态的特色小镇；六是从住宅布局、安全防灾等角度，确保村民安居乐业。

5.1.2 乡村专项规划体系

中国乡村地区广袤，在各地的乡村建设过程中，除了隶属于城市开发边界外作为详细规划定性的村庄规划，根据实际的需要，还需要编制相关的专项规划，以具体指导乡村发展和建设。除了"五级三类"规划体系中明确的交通、环保、林业、旅游等各职能部门组织的相关专项规划外，从整合不同村庄发展、落实其他专项规划、配套相关政策落地，快速实现建设成效的需求角度出发，往往还需要以村庄为载体，编制一些专项规划，作为法定村庄详细规划的补充。

（1）村庄集中连片建设规划

这是在国土空间规划体系之前，以浙江、广东等沿海发达城市乡村地区试点美丽乡村、社会主义新农村建设过程中摸索出来的一个规划形式，是"五级三类"规划体系中，对村庄规划定位的一个前期探索。这种集中连片规划一般是以地理区位相连、产业基础相似、人文历史相通的两个以上自然村庄或者行政村庄为载体，提炼多个村庄的共同特色，形成产业"特而强"，功能"聚而合"，形态"小而美"，体制"新而活"的"小镇"。这种规划形式比较适合一些村庄发展基础比较良好，周边市场消费需求比较旺盛的发达地区的村庄，这一类的规划往往是一些特色小镇建设的雏形。

美丽乡村示范创建行动规划的目标：一是人居环境明显提升，村民住宅条件改善，市政基础设施和公共服务不断完善，垃圾、污水得到有效处理，村容村貌整洁有序，自然生态保护良好，实现精细化管理，营造和谐的人文环境；二是产业和收入渠道不断拓展。村庄产业化水平显著提升，特色产业明晰，村民就业创业空间不断扩大，生态农业等新型业态快速发展，村民生活水平明显提高；三是生态文明理念逐步深入。村民自治机制不断完善，打造少数民族特色的传统文化，并得到继承发扬，生态文明理念深入人心，健康文明的生活方式逐步形成，社会保持和谐稳定。

专栏 5-1：广东惠州博罗县省级新农村示范片发展规划

2014 年，广东省推进省级新农村连片示范建设，遴选了第一批 14 个省级新农村示范片，其中惠州市博罗县示范片是第一批省级新农村示范片之一。规划以罗浮山的澜石村为核心区，连接长宁镇的松树岗村、埔筏村，横河镇的西群村、郭前村，罗浮山的酥醪村等 7 个行政村，辐射带动 50 个村民小组，打造一个省级新农村示范片，并将其建成一个环罗浮山现代农业和乡村旅游发展示范片。

规划以"管理有序、服务完善、文明祥和、永续发展、用地集约、特色鲜明、生态优先、为民服务"为原则，以建设广东省级新农村和打造环罗浮山现代农业、乡村旅游示范片为建设目标，以规划为抓手，以政策为支持，加强现状调查，强调村民参与和"多规合一"。制定和完善村庄建设规划"落地"的保障政策及实施机制，强化规划引领作用，为建设具有岭南特色的"新农村示范片"，为当地农民创收提供更多的规划保障。

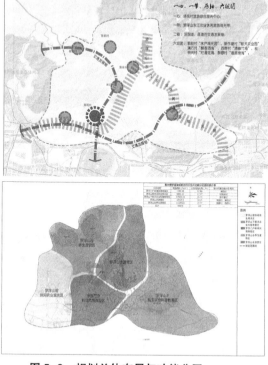

图 5-2　规划总体布局与功能分区

图片来源：北京北达城乡规划设计研究院，2015

（2）村庄人居环境整治专项规划

村庄规划涉及多个方面，国土空间规划体系中的村庄规划，是一个涉及战略目标、生态保护、历史传承、设施保障、产业发展、安居乐业等方面，全面指导村庄保护、开发和管理的法定依据，因此，其编制周期与协调时间成本往往较大。为短期落实村庄建设过程中的一些具体问题，尤其是生态环境的整治与提升的迫切问题，单独组织人居环境整治专项规划，显得非常有必要。在法定地位上，村庄人居环境整治专项规划，必须是以上位的乡镇国土空间规划为依据，可以是单独编制的一个专项规划，也可以是村庄规划的专项组成部分。

根据人居环境整治的核心目标，规划核心内容：一是推进农村生活垃圾治理；二是开展厕所粪污治理，合理选择改厕模式，推进厕所革命；三是梯次推进农村生活污水治理，根据农村不同区位条件、村庄人口聚集程度、污水产生规模，因地制宜采用污染治理与资源利用相结合、工程措施与生态措施相结合、集中与分散相结合的建设模式和处理工艺；四是全面提升村容村貌，加快推进通村组道路、入户道路建设，基本解决村内道路泥泞、村民出行不便等问题。充分利用本地资源，因地制宜选择路面材料。整治公共空间和庭院环境，消除私搭乱建、乱堆乱放。大力提升农村建筑风貌，突出乡土特色和地域民族特点。

需要强调的是，由于中国国土面积广袤，区域之间的村庄发展水平差异较大，对村庄人居环境整治的目标要求要有区域上的差异。对于东部沿海发达地区、中西部地区的城市近郊区等发展基础较好的村庄，应提出对人居环境整治的较高要求。如垃圾处置体系全覆盖、厕所无害化改造、厕所粪污资源化利用、农村生活污水排放治理相结合等方面基本与周边城市的水平相当。对中西部地处偏远、经济欠发达等地区，村庄发展的核心是优先保障农民基本生活条件的基础上，按照人居环境实现干净整洁的基本要求，因地制宜、以人为本，科学合理进行规划。

（3）乡村旅游规划

在中国城市化水平即将突破 60% 的 2018 年，人均 GDP 达到约 9780 美元，人均可支配收入超过 4200 美元，居民旅游的消费需求显著提升，乡村旅游是满足人民群众美好生活追求的重要经济活动之一，也是乡村地区产业发展的重要蓝海。给具有旅游发展基础和资源禀赋的乡村开展乡村旅游规划，能有效地引导乡村地区进入发展的快车道，因此，乡村旅游规划是村庄规划中一个重要的专项内容之一，在实际工作过程中，往往也单独编制乡村村庄规划。

乡村旅游规划的内容涉及多方面，主要包括以下几点内容：一是旅游资源与环境调查、分析与评价，按照中国 2003 年 5 月 1 日实施的《旅游资源分类、调查与评价》标准对旅游资源单体进行调查、分析与评价。该标准明确了 8 主类、31 亚类、155 基本类型的旅游资源类型体系及旅游资源调查、等级评价的技术与方法，是进行旅游资源调查的实用性、可操作性和科学性都很强的技术标准。二是在市场分析的基础上，预测旅游容量与游客规模；三是确定旅游发展目标，根据乡村旅游地的实际情况，合理确定本地区的发展目标，确定旅游规模；四是明确道路交通及游线组织规划，规划进出便利、体系完善的道路系统；五是旅游基础设施规划，保证各项指标能够满足乡村原住居民和未来旅游发展后的游客需求。

（4）村庄改造规划

中国历史悠久，乡村文化积淀丰厚，在历史发展过程中，留下灿烂的乡村文明的同时，村民为追求更加美好的生活，需要对村庄的建设布局、人居环境和风貌特征进行不断的改进和优化。为确保传承保护村庄历史文化和传统风貌，在推进一些村庄改造工程之前，开展村庄改造专项规划非常重要。

旧村改造是通过不同的途径、方法将原来落后的已经不能适应现代化生产、生活发展的村庄条件加以改善，村庄面貌加以更新，村庄功能加以扩大改善，最终建设成符合现代化生产生活要求的、有利于社会和人的共同发展的社会主义新农村。旧村改造规划包括村庄整改、村庄修缮和根据各自不同情况侧重点不同展开的村庄建设等。改造不同于新建或者重建，要注意根据村庄的实际情况因地制宜地进行村庄改造，由于各村庄的历史、现状、特色、生活方式都有所不同，发展水平也有差异，所以要根据村庄的实际情况进行合理有效的改造，不能盲目地翻新重建，否则就违背了旧村改造和建设现代化新农村的初衷。

编制科学的规划是旧村改造规划的先导。旧村改造规划是旧村改造建设实施的依据，也是实行社会治理和管理的依据。规划要做到既科学合理又切实可行；既尊重历史又体现现代化，还要有前瞻性；既要与节约用地、保护耕地结合起来，也要与土地利用规划、村庄整体规划相协调；目的是使村庄规划布局合理、配套设施完善、自然环境优美、村容整洁，统筹规划三次产业的空间布局，为一二三产融合发展创造条件，尤其要充分考虑农村教育、文化、卫生、体育等公共服务设施以及水电气等基础设施，环境卫生、绿化美化设施，推进社会主义现代化新农村精神文明建设。村庄规划必须经过村民大会充分讨论、审议通过，并报有关部门组织会审，政府批复，体现其权威性和严肃性，村庄改造规划只有代表广大村民的利益，才能真正达到改造的目的。

5.2 "多元复合" 的要素体系

村庄规划是村庄范围内产业发展、空间布局、文化传统、风貌塑造的法定依据，因此应当从农村实际出发，尊重村民意愿，体现地方和农村特色。从规划要素角度看，村庄规划要对村庄范围内的人、财、物等要素进行系统安排。总体来说，村庄规划的主要包括如下要素：

5.2.1 村庄人口要素

村民是村庄规划的主体，同时也是规划的对象。在村庄规划过程中，村庄人口流动及空间变化是村庄规划的重要依据，因此要对村民的规模、结构、就业需求、能力特长等进行全面的摸查。了解村民对未来的诉求，尤其是公共服务层面的需求，包括子女教育、文化参与、医疗保障、社会养老等方面的需求。根据村民规模合理配置公共服务设施，根据人口结构合理安排不同公共服务设施的供给，根据人口的就业需求科学谋划村庄产业类型与业态形式。

5.2.2 村庄经济要素

村庄的经济要素包括对村庄产业发展的谋划和已经进行项目开发建设的投融资分析等。村庄产业发展是布局于村庄内部或村庄产业园中的产业，可分为主导产业和辅助产业。主导产业是指已经具有一定发展规模、发展潜力或发展特色的产业，是村庄未来发展的重点与特色，是未来村庄内生发展的重要推动力；辅助产业是指与主导产业形成互补或围绕主导产业而配套的产业，其发展与主导产业的发展密切相关。通过明确村庄的产业特征，有利于在村庄未来的发展中明确资金投入的时间、重点和金额，提高资金的利用效率。同时，还要通过投入产出分析，对谋划的各类工程、产业项目进行投融资分析，算好村庄发展的经济账。

5.2.3 村庄空间要素

村庄空间要素包括村民生产和生活所需的建筑、构筑物及其他附属设施，道路交通、景观绿化等物质空间形态的一切内容。规划的核心目标是对这些空间要素进行充分识别的基础上，按照一定的科学原理，进行合理布局和设计。村庄空间布局包括土地利用、功能分区、农村居民点的空间布局，包括村庄发展潜力评价、中心村的选择、村庄布局方案的确定等。村庄的空间布局是优化村庄未来发展空间的重要举措，村庄布局的重点在于评价村庄的发展潜力、把握村庄的未来发展动力。传统的村庄景观绿化是在村庄自然形成过程中，经过长期的自然、人为选择的结果，充分展现了人与自然的有机融合。无论是庭前屋后、祠堂，还是桥头、村口、路边均体现了村庄的自然景观绿化。故在进行村庄景观绿化过程中，需要把握村庄的文化特征，"一草一木、一砖一瓦"均体现出文化的特性；要注重就地取材，实现与周围环境的有机融合。

5.2.4 村庄基础设施要素

村庄的基础设施要素包括村庄的道路体系、桥梁工程、给排水工程设施、电力工程设施、通信设施等。在规划布局和建设村庄基础设施时，需要基于合理的村庄发展预测，提高基础设施的供给和使用效率，尽量将完善的基础设施布局于中心村或者村庄的中心位置，提高其服务辐射能力和利用率。

5.2.5 村庄公共服务要素

村庄的公共服务设施包括村庄的老年活动中心、学校、健身设施、诊所或卫生室等。村庄的公共服务设施尽量布局于交通便利的区域，方便村民使用；且需要不断完善以扩大其辐射范围，还需定期维护。

5.2.6 村庄人文要素

村庄的人文要素、村庄的历史文化建设和村庄的精神文明建设，包括物质文明、政治文明、生态文明。它们既是村庄发展的积淀，也是村庄未来发展与建设的重要内容。由于当前村庄所处的经济发展水平较低，较少开展村庄的文化建设，但是随着村庄经济发展水平的提升，村庄文化建设的重要性将会逐步凸显。在编制村庄规划过程中，需要明确村庄文化与村庄经济发展是密切相关的，各个文明之间是相辅相成而又相互制约，故需要在村庄发展过程中对此项内容进行统筹把握。

5.3 "因地制宜" 的规划类型

中国悠久的发展历史，衍生了种类繁多、类型复杂的各类村庄。在村庄规划过程中，要分类推进乡村发展，顺应村庄发展规律和演变趋势，结合区位条件、透彻分析发展现状、充分利用资源禀赋等，针对不同类型的村庄进行规划设计，需要坚持因地制宜，一村一策的原则，对不同类型的村庄制定不同的发展思路与规划方案。根据生态文明时代对城乡一体化发展和生态环境保护的总体要求，结合中国乡村地区发展的主要趋势，将村庄规划类型划分为面向城乡融合的村庄、面向绿色发展的村庄以及面向减量收缩的村庄等三种村庄规划类型。

5.3.1 面向城乡融合的村庄规划

城市与乡村的发展过程不应该是此消彼长的零和博弈，而是融合发展、共享成果的共生过程。2019 年 5 月，中共中央、国务院发布《关于建立健全城乡融合发展体制机制和政策体系的意见》，提出为塑造新型城乡关系，走城乡融合发展之路，促进乡村振兴和农业农村现代化，将以完善产权制度和要素市场化配置为重点，着力破除户籍、土地、资本、公共服务等体制机制弊端，促进城乡要素自由流动、平等交换和公共资源合理配置。创建一批国家城乡融合典型项目，并率先从经济发达地区、都市圈和城市郊区体制机制改革上取得突破。

现有规模较大的中心村和其他仍将存续的一般村庄，占乡村类型的大多数，在中国地处发达地区、大都市周边如珠三角、长三角核心城乡高度连绵地区、京津冀中心城市近郊区的村庄经过多年城市化的冲击，在非农化发展方向上已经取得了较大的成就，这些村庄在产业发展、村庄形态、生活方式、收入来源等方面都呈现出明显的非农特征，村集体建设用地总量比重较大，以广东东莞为例，全市村集体建设用地总量为 808.13 平方公里，占现状总建设用地的 70.46%。

这一类型的村庄在规划策略上，需要围绕城乡融合发展的主旋律，彰显村庄地方特色，积极培育村庄创新产业空间，构建优质的人居生活空间，健全村庄管理体制，实现城乡一体化和城乡共荣发展。打造高标准的生态宜居美丽乡村。以村庄人居环境整治规划为抓手，优化提升村庄公共服务设施和基础设施建设水平。加强村庄与中心城区之间的资源要素高效流通，加强地域特色文化挖掘，构建精品乡村旅游线路，打造生活宜居便捷、地方风貌突出、文化底蕴浓郁的高标准生态宜居美丽乡村。这一类型的村庄根据村庄发育的程度，又可以进一步细分为重点村、中心村和基层村。

（1）重点村

重点村是根据各自然村庄的区位、规模、产业发展、风貌特色、设施配套等现状，在综合分析研究其发展条件和潜力基础上，确定的一种村庄类型，指能够为一定范围内的乡村地区提供公共服务的村庄，重点村一般现状规模较大，公共服务设施配套条件较好，具有一定产业基础，如包括一些适宜作为村庄形态发展的被撤并乡镇的集镇区、行政村村部所在地村庄等。重点村具备良好的发展基础，能够凭借现有的条件进行规划发展。近年来，为推进乡村振兴发展战略，解决"三农问题"，全国各省市规划了一批重点村，如北京市在城乡接合部划出规划 50 个市级挂账整治督办的重点村（点）。

表 5-3　北京市市级挂账整治督办重点村（点）名单

序号	重点村（点）名称	所属行政区划	序号	重点村（点）名称	所属行政区划
1	八家村	海淀区东升乡	32	衙门口西社区	石景山鲁谷街道
2	六郎庄村	海淀区海淀乡	33	刘娘府地区	石景山苹果园街道
3	肖家河社区	海淀区海淀乡	34	老古城前街社区	石景山古城街道
4	树村（后营村）	海淀区海淀乡	35	老古城后街社区	石景山古城街道
5	玉泉村（中坞村）	海淀区四季青镇	36	六合村	通州区宋庄镇
6	振兴社区	海淀区四季青镇	37	北神树村	通州区台湖镇
7	门头村社区	海淀区四季青镇	38	高楼金村	通州区梨园镇
8	唐家岭村	海淀区西北旺镇	39	杨庄村	通州区永顺镇
9	土井村	海淀区西北旺镇	40	梅沟营村	顺义区仁和镇
10	夏家胡同管委会	丰台区花乡	41	天竺村	顺义区天竺镇
11	白盆窑村	丰台区花乡	42	二村	大兴区西红门镇
12	西局村（后街）	丰台区卢沟桥乡	43	四村	大兴区西红门镇

序号	重点村（点）名称	所属行政区划	序号	重点村（点）名称	所属行政区划
13	周庄子村	丰台区卢沟桥乡	44	八村	大兴区西红门镇
14	小瓦窑村	丰台区卢沟桥乡	45	三合庄	大兴区黄村镇
15	槐房村	丰台区南苑乡	46	小陈庄村	大兴区黄村镇
16	新官村	丰台区南苑乡	47	东一村	大兴区瀛海镇
17	大红门村	丰台区南苑乡	48	庑殿二村	大兴区旧宫镇
18	石榴庄村（双庙）	丰台区南苑乡	49	庑殿三村	大兴区旧宫镇
19	北皋村	朝阳区崔各庄乡	50	燕丹村	昌平区北七家镇
20	驹子房村	朝阳区东坝乡	51	东三旗村	昌平区北七家镇
21	西店村	朝阳区高碑店乡	52	中滩村	昌平区东小口镇
22	长店村	朝阳区金盏乡	53	贺村	昌平区东小口镇
23	北苑村	朝阳区来广营乡	54	马连店村	昌平区东小口镇
24	姚家园村	朝阳区平房乡	55	单村	昌平区东小口镇
25	十八里店村	朝阳区十八里店乡	56	芦村	昌平区东小口镇
26	小武基村	朝阳区十八里店乡	57	东小口村	昌平区东小口镇
27	周庄	朝阳区十八里店乡	58	回龙观村	昌平区回龙观镇
28	官庄村	朝阳区王四营乡	59	七里渠南村	昌平区沙河镇
29	龙爪树村	朝阳区小红门乡	60	七里渠北村	昌平区沙河镇
30	衙门口南社区	石景山区鲁谷街道	61	东羊庄村	房山区拱辰街道
31	衙门口东社区	石景山区鲁谷街道			

注：50 个重点村涉及 61 个行政村，资料来源：北京市规划与自然资源局

　　针对重点村现有的基础，重点村规划首先要进一步完善基础设施服务，完备交通、教育、医疗卫生等基础设施建设，为村民生活、生产发展提供基础。重点村规划可根据产业基础发展产业，大力发展二三产业，利用好第一产业资源，进行深加工增加附加值，形成产业链，促成重点村产业经济发展。重点村是行政村村部所在地，依托完善的管理机制与行政资源，村委会自主管理，能够给重点村更大的规划发展空间。对空间形态发展趋于城镇的重点村，可以规划建议撤村并镇，将村庄纳入城镇中，以城带乡，以乡促城，促进城乡一体化，优势互补，互利共赢。

　　（2）中心村

　　中心村一般指村民委员会所在地或经济、文化等方面对周围地区具有一

定服务功能的村庄。中心村的选取，要充分考虑村庄的区位、经济、自然条件等情况。在区位上，能够与镇中心保持良好的交通、经济、社会及服务联系，承担镇域次中心的作用，形成具有中心辐射和带动作用的社会经济发展圈；在经济实力上，需要具有一定集聚规模，且基础设施条件较好，并对周边地区人口有一定的吸引力；在发展潜力方面，需要自然条件好，发展潜力大。此外，还可根据镇域范围内均衡布局的需要而设立中心村，但是原则上一个行政村只布置一个中心村庄且不靠近镇（集镇）建成区。

中心村的内涵包括：（1）在村庄体系中，中心村介于乡镇与行政村之间，由多个村庄整合后所形成的基层规划管理单元，中心村与行政村有所不同，它是一个社区的概念，在镇域范围内，承担的是镇的副中心作用，向小集镇趋势发展。（2）从其职能上看，中心村以服务农业、农村、农民为目标，在为本村村民提供生产、生活服务外，还为周边村庄的村民提供服务，也为镇域提供相关的配套设施。（3）从中心村功能布局看，强调的是统筹协调，根据土地利用和空间布局确定功能分区，并配套较为完备的公共服务设施，有明确的核心和边缘。

针对不同的中心村结构，开展具体的中心村发展规划。对于发达地区的乡村，在城乡二元体制下，现有规模较大的中心村和其他仍将存续的一般村庄，交通、经济条件发达，二三产业基础较好。其规划可以通过整合提升形成适度规模的经济强村。对于以种植、养殖业为主导，但二三产业薄弱的乡村，可以通过改造提升、优化居住环境，聚集产业优势、基础设施和公共服务优势，形成规模化、集中化大村落等措施进行规划。

（3）基层村

与中心村相对应的概念是基层村，如果说中心村是指具有一定人口规模或具备吸纳一定人口规模能力、拥有较为齐全的公共服务设施，能支撑、带动其周边村庄发展的基层规划单元，那么基层村是指与中心村相对应，只配备简单的公共服务设施、人口规模较小、发展潜力较弱的农村居民点。

基层村一般未列入近期发展计划或因纳入城镇规划建设用地范围以及生态环境保护、居住安全、区域基础设施建设等因素需要实施规划控制的村庄，是重点村以外的其他自然村庄。

基层村的发展依托上位规划，根据分类原则，按照"全面惠及与突出重点""均等化与差异化"相结合的原则，评估资源环境承载力，在功能布局人口容量预测、基础设施和公共服务配置、整治建设项目及齐内容等方面因村制宜地对村庄规划进行深化、细化、具体化，尊重乡村地区的多样性和差异性。因此，相较于中心村优势，基层村应当明确自身规模、功能与定位，优化和合理安排产业平台、农田保护等空间布局，促进生态环境保护，维护居住安全，完善区域基础设施建设，保留村庄原始原貌，建设美丽乡村。

专栏 5–2　面向城乡融合的村庄规划案例

位于粤港澳大湾区的惠州市博罗县成功打造了以"七星耀罗浮"为主题的连点、连线、连片省级新农村示范片。示范片以松树岗村为游览的起点，经过埔筏村、澜石村、酥醪村、西群村、郭前村，终点为新作塘村，每个村均根据自身的实际进行发展定位和建设规划。

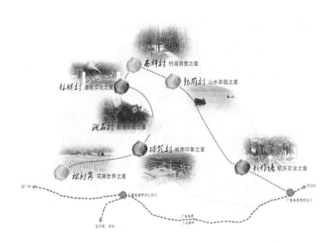

图 5–3　广东博罗省级新农村示范片规划

图片来源：北京北达城乡规划设计研究院，2015

5.3.2 面向绿色发展的村庄规划

地处中西部欠发达地区以及中东部一些人口流出地的村庄，内生动力弱，大量农村人口往东部沿海经济发达地区就业、生活，距离发达城市较远，交通区位条件较差，资源要素流动存在障碍，难以接受中心城市经济的辐射带动作用，村庄空心化严重，经济社会发展速度缓慢。

这一类型的村庄在规划策略上，首先，要推进产业振兴，加快推动农业现代化。通过打造现代农业生产区、田园综合体、特色小城镇等，推动农业现代化发展。促进一二三产业融合发展。完善乡村产业发展服务体系，健全现代农业经营体系，完善乡村就业创业服务体系，打造农村一二三产业融合发展示范园。

其次，是要加强人居环境整治。推进生活垃圾和生活污水处理，推进村道和村内道路硬化，推进村庄集中供水，整治改造农民住房，提升村庄基本公共服务水平，提升村庄绿化美化建设水平，推进农村厕所改造，提升乡风文明水平。

第三，是要加强历史文化活化利用。加强村庄文化复兴，以"文"兴村，活化传承历史文化；以"农"兴村，推动农业发展；以"旅"兴村，带动乡村旅游发展；以"居"兴村，提升农村人居环境品质。

第四，是要通过点、线、面结合，促进乡村风貌提升。点：重点抓农房建设、村容村貌整治提升。线：加快推进铁路、高速公路、国省道、主要海滨河流沿线、南粤古驿道、旅游景区和邻省交界村庄的环境综合整治，建设沿线乡村风光示范带，打造展示该省形象的窗口。面：打造新农村示范片，重视农业生产的大地景观，整治有碍景观和形象的农业生产设施，如简易棚、排灌站等。构建"生态型、组团式、网络化"土地综合统筹开发格局，破解城乡空间碎片化发展的问题。最后，需要构建"共建共治共享"的共同缔造机制，充分发挥基层党组织和社会乡贤的积极性整治农村人居环境。

5.3.3 面向减量收缩的村庄规划

除了面向城乡统筹融合以及绿色发展村庄外，还存在一类特殊的村庄，这些村庄由于地理区位、资源禀赋或自然灾害等各种原因，在总体发展趋势上是收缩性的，呈现人口空心化，建设减量化，生态敏感化等特征。这些村庄大部分地处西部生态脆弱和资源贫瘠地区，如四川、贵州、青海、甘肃等西部省份的干旱地区村庄以及部分位于发达地区自然保护区、水源保护区等生态敏感区内的村庄。

对于地处西部生态脆弱和资源贫瘠地区甚至一些不适宜人居地区的传统村庄，包括如下类型地区的村庄，一是地理位置处于生态环境脆弱如深山老林、荒漠化的村庄；二是生存条件恶劣如处于疾病多发、缺水、基础设施建设困难较大的村庄；三是自然灾害频发，处于泥石流、地震以及其他自然灾害频发的村庄；四是因重大项目建设需要搬迁的村庄。如建设军事项目、纳入货水源、历史等保护区村庄；五是农村人口流失特别严重，持续空心化，常住人口比较少的村庄。

在规划上，统筹解决村民生计、生态保护等问题的前提下，对上述村庄采取扶贫易地搬迁、生态宜居搬迁、农村集聚发展等搬迁方式，实施搬迁撤并的同时，对村庄原址进行生态修复。如 2008 年 5 月 21 日，四川汶川地震造成了大部分村庄不同程度被毁，部分民族村落，地理位置差，经济发展落后，居住环境恶劣，灾后重建困难重重，在灾后重建规划过程中，对地处汶川震中地区上述类型的村庄采取了整体搬迁策略。

根据国土空间规划体系的"三区三线"划定原则，生态空间是城乡生态效益与城乡发展保障的重要保护区域，其自身生态系统的健康与稳定对其生态服务能效的发挥起到决定性作用。对于地处生态保护红线内部现有村庄，在既往发展过程中导向缺失与不当建设等原因导致了生态敏感区生态系统受到严重的削弱与破坏，生态问题凸显的同时，可能引发生态多米诺效应，影响城乡人居环境品质。故生态敏感区村庄急需进行以生态修复为导向的更新，保证生态敏感区生态系统健康的前提下，合理解决保护与发展的矛盾问题，保护与发展并行。

5.4 "共同缔造"的过程体系

村庄规划过程是一个村民自治的过程，在规划编制过程中，需要充分发挥村庄发展过程中所要涉及不同利益主体的智慧，按照"共同缔造"的核心理念，推进村庄规划的编制与实施。从过程看，村庄规划大致包括前期准备、组建专家技术团队、现状调研、方案制定、方案研讨与完善、方案公示与反馈、方案批示与实施以及规划实施评估等几个阶段。

5.4.1 规划前期准备

为了更有效地开展村庄规划编制工作，以实现村庄更快发展，应建立规划编制的工作机制，具体包括：甄选规划编制机构、建立驻村规划师制度等。

按照《中华人民共和国城乡规划法》的要求：从事城乡规划编制工作应当具备下列条件，并经国务院城乡规划主管部门或者省、自治区、直辖市人民政府城乡规划主管部门依法审查合格，取得相应等级的资质证书后，方可在资质等级许可的范围内从事城乡规划编制工作，具体包括：①有法人资格；②有规定数量的经国务院城乡规划主管部门注册的规划师；③有规定数量的相关专业技术人员；④有相应的技术装备；⑤有健全的技术、质量、财务管理制度。

政府部门在甄选合适的规划编制机构时，除了应关注获得规划编制相应等级的资质证书外，还应重点考虑规划机构的村庄规划编制经验、对村庄的熟悉程度，尤其是编制机构的专业背景，具体包括：村庄经济判断、市政工程规划、文物风貌保护、防灾减灾、生态环保等。

由于村庄规划的编制与实施之间存在一定的鸿沟，尤其是缺乏对规划的理解和村庄发展的把握，导致村庄规划难以有效实施，故应组建相应的专家队伍，并设立驻村规划师制度，以增强规划工作与村民的沟通，降低后期规划实施的难度和风险。一方面，组建一支既有丰富实践经验，又有深厚理论基础的专家团队，为村庄规划的编制、政府部门决策提供技术支撑；而在规划队伍中，应包括若干来自村庄所在地规划院的规划师。组建包含地方规划院的规划专家队伍。另一方面，建立相应的责任机制，为每个村庄安排相应的驻村规划师，负责参与实地调研、规划内涵讲解，重点在于指导规划实施，并为此而负责。

5.4.2 村庄现状调查

规划编制单位通过问卷调查和实地调研的方式，通过举办座谈会、研讨会、单独面谈的途径广泛征求村委会全体、村民小组组长、村民代表（年龄、职业、性别等）、党员代表、外来人口、企业代表等对于本村规划与未来发展建设的意见和建议，并通过与镇域层面相关人士的座谈全面了解村域范围内及周边区域社会经济、土地利用、村庄建设动态和具体情况，了解已有村庄规划编制和实施情况，以及已有规划建设与实施的主要问题。至于村庄规划驻村调研的时间要求应基于地方实际而明确，部分地区明确要求不少于30天，村庄现状调查技术参见本章第七节内容。

5.4.3 规划方案制定

规划编制单位基于实地调研的情况，开始组织村庄规划方案的编制工作。一方面，通过研究上位规划的现状，并梳理出目前村庄发展的现状问题和未来发展诉求，以探索适合的村庄规划路径；另一方面，在编制过程中，通过设置规划工作室的方式引导和鼓励村民积极参与规划编制工作，并为规划编制工作提供意见和建议，以共同编制形成村庄规划的初步成果。

5.4.4 规划成果审查

规划方案形成后，应提交乡（镇）级单位，并由其组织相关职能部门、村两委、村民代表召开意见征求会，规划编制单位根据征求会的会议记录对初步成果进行修改，并形成规划方案初稿。

规划编制单位修改完善后的规划初稿应提交村委会，并由村委会组织村民代表会议对该初稿进行审议，最终经村民代表会议讨论通过并盖章确认后提交镇（街）人民政府。

5.4.5 规划成果公示

经过乡（镇）人民政府审查并同意后报县（区）政府审批。县（区）政府应组织其辖区内的住房规划、国土资源、交通、农林等相关的专业主管部门以及一定数量的外部专家联合审查报送的规划草案，以确定与上位规划的协调性、与城镇和土地利用规划的符合性等相关内容。

根据职能部门与专家的联合审查意见，规划编制单位需进一步完善村庄规划成果，并对完善后的成果进行公示。时间要求不少于 30 天，通过设置意见箱、电话、工作室、网络等途径征求民意，并根据反馈的意见进一步完善规划草案。

5.4.6 规划成果审批

规划编制单位根据公示期的村民反馈意见，进一步完善草案后提交县（区）人民政府报批，并通过告示、网络等途径进行公示。

5.5 "实施导向"的成果体系

5.5.1 规划成果总体要求

村庄规划的编制成果需要符合国土空间规划的法定要求，规划成果应当简明扼要、通俗易懂、含义准确、定位清晰，图纸内容应与文字说明表达相一致。鉴于一些村庄规划的特殊性，在规划实践中，根据村庄建设的实际需要，可能还需要编制相关的专题报告、特殊图纸、项目数据库、工程预算表格和相关附件。一般而言，总体成果要达到文字成果通俗易懂，具有一定的前瞻性并具有可操作性，能够切实指导村庄的开发、建设和保护；图纸内容应清晰地表达规划内容和意图。制图确保制作规范，图纸基本信息齐全。

5.5.2 规划成果形式要求

规划成果在表现形式上包括规划说明书和图纸两部分。从使用角度看，为了让规划接地气，让老百姓看得懂，用得上，鼓励村庄规划在成果表达上采取生动活泼的形式，如科普展板，多媒体动画，效果图等。从技术管理角度看，规划成果需要表达准确，数据精确，符合国土空间规划数据入库"一张图"管理的精度要求。

5.5.3 规划成果内容要求

规划说明书的具体表述根据不同的村庄会有所差异，总体内容有总则、社会经济状况、村庄发展目标、生态保护修复、耕地保护与永久基本农田保护规划、基础设施规划公共服务设施规划、产业发展规划、住房规划与布局、村庄综合防灾规划等；有条件地区还需要根据实际情况提供公众参与报告书、规划图解等内容。

规划设计图纸可分为现状图、用地规划图、布局图和效果图四大类，具体又可分为村庄位置图、用地现状图、用地规划图、道路交通规划图等。所有图纸均应标明图纸要素，如图名、图例、图标、图签、比例尺、指北针、风向玫瑰图。

项目库表格。可增加工程项目投资需求表、重点建设项目表、权属调整表等。

管理数据库。建立符合乡级国土空间规划数据库入库标准的村庄规划数据库。

公众参与报告。附件说明村庄规划编制过程中，村民及其他利益相关主体的参与过程以及调查问卷、调研报告、听证纪要、公示情况等相关材料。

表 5-4　村庄规划成果图纸要求

序号	图纸名称	图纸要求	备注
1	村庄区位图	确定存在位置，并分析与周边村镇的关系	必备
2	村庄空间现状图	明确村庄基本农田、基础设施、民居等要素	必备
3	村庄空间规划图	明确村庄建设范围、居民点、产业布局、公共服务设施和基础设施布局	必备
4	村庄总平面图	布置村庄各项建设总平面，核算经济技术指标	可选
5	近期建设规划图	明确近期建设的范围及具体项目位置	必备
6	道路交通规划图	明确村庄各级道路走向及断面标准	可选
7	村庄保护规划图	明确重点历史文化与景观要素、生态保护线等保护要素	可选
8	其他可选图纸	村庄防灾减灾规划、景观风貌规划、整治改造施工、公共建筑设计、民居平面设计、绿化景观设计、村庄整体效果图等	可选

5.6 "协同创新"的管理体系

在传统的部门职能分工上，发改、规划、住建、农业农村部门均参与村庄规划的编制管理工作，但是部门之间往往缺乏协同，发改部门重点关注乡村振兴的宏观顶层设计，对具体的产业发展、村庄建设、社会治理等细分领域关注不足；规划部门注重对村域范围进行统筹谋划，确定整体发展方向，完善基础设施等，缺乏对具体建设项目和内容的安排；建设主管部门编制的乡村规划通常以民居与基础设施的建设为主，对空间、产业的规划设计关注不足；农业农村部门侧重产业振兴和生产环境建设，而长期以来农业部门的组织编制往往不被重视，为使村庄规划更加系统化与促进落地实施，应充分发挥农业农村部的统筹作用，以达到农村生活、生产、生态空间统筹规划建设的目的。

根据中共中央、国务院颁布的《关于建立国土空间规划体系并监督实施的若干意见》，在城镇开发边界外的乡村地区，要"由乡镇政府组织编制'多规合一'的实用性村庄规划，作为详细规划，报上一级政府审批"，明确了乡村规划的性质、地位与编制审批责权，确定了其在乡村开发建设、土地用途管制中的法定管制作用。未来在村庄规划管理的体系构建上，将要更加强调部门之间的协同创新。

5.6.1 村庄规划组织体系

按照《中华人民共和国城乡规划法》（2019 修正）的规定，县级以上人民政府需要确定对乡、村庄的规划区域，并对村庄规划展开鼓励、指导、审批以及监督。根据《村庄与集镇规划建设管理条例》（1999）的规定，村庄规划需由乡级人民政府负责组织编制，并对村庄规划开展监督与实施。详细条款参见下表。在众多的规划实践中，村庄规划的组织架构应包括四个层次：省（市）级建设主管部门、县（区）级人民政府、乡（镇）级人民政府、村委会，不同层级的职能、角色等存在较大差异。

表5-5 法律规定的详细条款

《城乡规划法》	《村庄与集镇规划建设管理条例》
第三条 县级以上地方人民政府根据本地农村经济社会发展水平，按照因地制宜、切实可行的原则，确定应当制定乡规划、村庄规划的区域。在确定区域内的乡、村庄，应当依照本法制定规划，规划区内的乡、村庄建设应当符合规划要求。 县级以上地方人民政府鼓励、指导前款规定以外的区域的乡、村庄制定和实施乡规划、村庄规划。	第八条 村庄、集镇规划由乡级人民政府负责组织编制，并监督实施。 第十六条 村庄、集镇规划期限，由省、自治区、直辖市人民政府根据本地区实际情况规定。
第二十二条 乡、镇人民政府组织编制乡规划、村庄规划，报上一级人民政府审批。	

表5-6 村庄规划中的各级政府职能

政府机关层级	职能定位	具体职能
省（市）级建设主管部门	业务指导	指导制定方案、提供相关资料与技术支持、督导和检查村庄规划进展、最后组织专家评估村庄规划方案。
县（区）级人民政府	协调、审批	成立由县级主要领导担任负责人的专门协调机构，统筹发展改革、财政、国土资源、住房城乡规划、水利、交通、消防、农业、林业、环保、统计、旅游、扶贫等多部门，合理安排村庄规划的编制与实施。
		协调上级、指导下级为村庄规划提供基础资料，并成立资料库，包括：地形图、航空影像资料、近几年的社会经济发展统计数据；组织村庄规划的审批工作等。
乡（镇）级人民政府	组织	规划编制前应成立村庄规划编制领导小组，以具体负责村庄规划编制事宜，包括配合规划人员展开实地调研等其他事项，负责组织召开相关的研讨会和听证会。
		组织村庄规划的报批工作，协助村民开展规划实施工作，并做好村庄规划的管理工作。
村委会	参与	负责召集和组织村民参与调研，组织村民审议村庄规划，组织村庄规划的具体实施工作。

5.6.2 村庄规划审批体系

根据《中华人民共和国城乡规划法》（2019 修正）和《村庄与集镇规划建设管理条例》（1999）的规定，村庄规划成果在提交前应由村民委员会审核通过，并经乡（镇）级人民代表大会审议通过，由区（县）级人民政府批准，最后由乡（镇）级人民政府公布，具体法律规定如下表所示。村庄规划的局部调整，需要经镇级人民代表大会或者村民会议同意，并报县级人民政府备案。在规划实践中，一般需要经过"三审"，即乡（镇）域村委会审、区（县）级联合审、方案公示审。

表 5-7 相关审批主体的法律规定

《村庄与集镇规划建设管理条例》	《城乡规划法》
第十四条 村庄、集镇总体规划和集镇建设规划，须经乡级人民代表大会审查同意，由乡级人民政府报县级人民政府批准。 村庄建设规划，须经村民会议讨论同意，由乡级人民政府报县级人民政府批准。	第二十二条 乡、镇人民政府组织编制乡规划、村庄规划，报上一级人民政府审批。村庄规划在报送审批前，应当经村民会议或者村民代表会议讨论同意。
第十五条 根据社会经济发展需要，依照本条例第十四条的规定，经乡级人民代表大会或者村民会议同意，乡级人民政府可以对村庄、集镇规划进行局部调整，并报县级人民政府备案。	
第十七条 村庄、集镇规划经批准后，由乡级人民政府公布。	

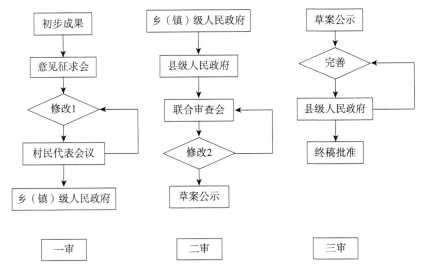

图 5-4 规划成果审批流程图

5.7 "与时俱进"的技术体系

在新技术革命的时代背景下，国土空间规划技术的发展日新月异，规划师需要与时俱进，用最先进的技术应用在村庄规划中，提高规划的科学性和时代性。村庄规划涉及的技术体系包括田野调查技术、研究分析技术以及规划信息管理技术等方面。

5.7.1 规划田野调查技术

村庄规划的规划对象是基于数十年甚至数百年历史积淀存量规划，因此需要对村庄进行详尽的田野调查，全面了解村庄发展面临的突出问题。村庄规划与城市规划在调查方式上有很大的不同，这是由于城市和乡村在自然、人文、发展目标、经济社会现状之间的不同而造成的。村庄规划田野调查主要涵盖村民家庭调查、村庄经济调查和村庄人居环境调查三个方面的内容。

（1）村民家庭调查技术

农村家庭是构成中国农村社会的最基本单元，对村庄的规划需要建立在对村庄家庭进行详细的调查了解的基础上。家庭调查的方法一般包括问卷调查、抽样入户访谈、全面入户访谈等手段，其中：

问卷调查需要在对村庄有个大概了解并与个别村民进行前期访谈沟通的基础上进行设计。考虑到村民文化水平参差不齐，因此问卷设计一定要简洁明了，易于村民作答。可充分利用问卷星等网络调查工具进行调查问卷的发放和统计。

入户家庭调查可以结合国家农村居民家庭基本情况调查（见附件一至三），也可以根据村庄的实际情况另行设计入户调查表和调查问卷，需要了解的基本信息包括：家庭常住人口、家庭成员基本情况、经济收入与就业、宅基地使用与需求、各类集体用地使用情况、农村居民居住、公共服务设施配套满意度、生活质量等，并根据调查的第一手数据进行统计分析，为村庄的各项专项规划提供基础依据（图5-5）。

（2）村庄经济调查技术

农村集体经济是指主要生产资料归全村村民集体所有，实行共同劳动，共同享有劳动果实的经济组织形式。在家庭联产承包责任制基础上，有一些村民顺应市场经济的发展趋势，突破行政村或农村社区的界限，自发成立农村专业合作社或股份制、股份合作制等多种形式的经济组织，有效提高了村庄经济组织化程度和村集体收入水平，支撑村民收入增长和村庄发展。加上近年来随着农村土地"三权分离"工作的推进，一些社会资本开始在农村流转土地开展农业规模化经营，对村庄经济起到了重要的推动作用。因此，对农村集体与驻村企业进行调查是村庄调查的重要组成部分。

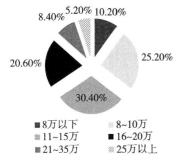

a）XL村家庭年收入情况统计

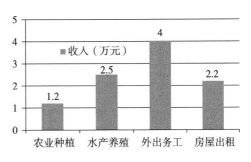

b）XL村某农户家庭收入来源分析

图 5-5　XL 村村庄规划家庭收入与就业情况分析

对村集体经济组织的调查内容一般包括：一是村集体的收入情况，包括产品销售收入、租赁收入、服务收入等集体经营收入，各级财政补助收入，土地征收款，社会捐赠、资产处置等收入情况；二是各种支出情况，包括干部薪酬、办公费、差旅费、救济扶贫、治安卫生管理，资产购置支出等；三是村集体资产情况，包括现金存款、固定资产、对外投资等；四是村集体经济的发展规划、财务计划等；五是村经济负责人就管理人员、参与村民的工作生活状态，相关问题访谈等。

表 5-8　某村 2017 年度村集体组织财务收支公开表

编制单位：DF 市 DT 镇 EL 村村民委员会　　　　　　2017 年 11 月　　　　　　单位：元

项目	本月数	本年累计数	项　　目	本月数	本年累计数
一、上年现金银行余额		49136.21	公务接待费	0	0
二、当年收入合计	0	62299.47	村干部生活及其他补助	280	17280
其中：1. 经营收入	0	0	支农生产补贴	0	0
2. 发包及上交收入	0	37200	工作午餐	0	0
承包金	0	37200	助学金	0	0
企业上缴利润	0	0	困难、五保户救济	0	0

项目	本月数	本年累计数	项　目	本月数	本年累计数
3. 补助收入	0	20000	捐赠支出	0	0
4. 其他收入	0	5099.47	集体收入分配	0	0
5. 投资收益	0	0	文体活动支出	0	4000
三、各项支出总计	600	47711.47	其他公益支出	0	0
1. 经营支出小计	0	0	雇佣费	0	0
2. 管理费用、其他支出小计	600	47711.47	垃圾处理费	0	0
办公费	120	320	工程建设类支出	0	0
水电费	0	1102.36	其他费用支出	200	24100
物业管理费	0	0			
交通、差旅费	0	509.11			
维修（护）费	0	400			
租赁费	0	0			
会议费	0	0			
培训费	0	0	3. 在建工程	0	0
手续费	0	0			
本月末应收款余额	1261.87		现金支出累计（含将库存现金存入银行）		0
本月末应付款余额	10200		本月末库存现金余额		0
专项应付款（付农民土地补偿、改厕户等）	0	1021636	银行存款本年收入累计	（含上年余额）	1126071.68
已付专项应付款（付农民土地补偿、改厕户等）	0	0	银行存款本年支出累计		50010
现金本年收入累计		0	本月末银行存款余额		1076061.68

村财代理服务站（签章）　　　　村（居）委会主任：　　　　制表人：

　　对驻村企业的调查，主要调查如下几个方面的信息：一是企业性质、法人代表、经营范围、注册经营时间、注册资金等企业基本信息；二是企业投资规模、主要产品、年产值、年利润、年纳税能力等经营状况信息；三是企业使用或租用村集体土地的规模、类型、年限以及缴纳租金情况（表 5-9），企业建设规模与结构、厂房、厂区建设与使用情况；四是企业员工规模与结构，为本村本镇解决就业数量与结构；五是企业负责人、经营管理人员、员工的工作生活状态的相关问题访谈等。

表 5-9　某村企业租用土地信息统计表

编号	企业名称	租用土地面积	土地类型	租金（万元/年）	合同期限
1	S 生态农业开发有限公司	95	基本农田	15	2013.3.1–2029.2.28
2	F 农机装配维修厂	5	留用地	9.8	2011.1.1–2029.12.31
3	XS 粮食加工厂	4	留用地	8.8	2012.2.28–2022.2.27
4	XX 农业机械制造有限公司	15	留用地	25	2010.3.1–2029.2.28
5	BD 生态旅游开发有限公司	3000	山林地	6	2016.12.30–2046.12.29

资料来源：广东省 xx 村村庄规划

（3）村庄人居环境调查

人居环境是人类工作劳动、生活居住、休息游乐和社会交往的空间场所，改善农村人居环境，建设美丽宜居乡村，是实施乡村振兴战略的一项重要任务。村庄人居环境包括村庄的道路系统、环境卫生、村容村貌、给水排水、公共服务等生态系统。在对人居环境相关要素进行规划配置之前，需要对其进行深入的调查和统计。

村庄人居环境调查工作包括土地利用调查和居民点公共服务配套调查两个层面。对于土地利用调查，调查内容主要包括但不限于村庄不同类型土地的现状使用情况，村庄主要交通出入口、对外联系通道等。村庄居民点建设调查主要了解村庄不同等级道路、停车场、公交站点、线路、道路断面等交通系统信息，村庄供水排水系统设施的位置、配置参数；村庄生活垃圾收集点、处理站场、转运方式等环境卫生情况以及卫生站、村级商业服务网点的位置及经营情况，公共空间布局与供需匹配情况等。

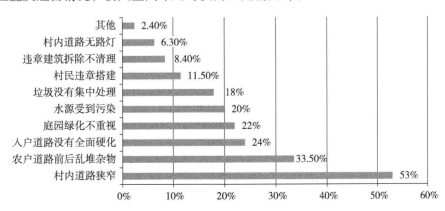

图 5-6　某村人居环境存在问题统计

数据来源：北京北达创智城市规划设计研究院

5.7.2 规划研究分析技术

生态文明建设时代的村庄规划国土空间规划的重要组成部分，是一项建立在对规划对象进行深入调查了解和研究的基础上，提出的公共政策。因此，需要在提出方案之前，应用最新的研究分析技术，对村庄的现状及未来的发展趋势进行分析研究。在规划编制与管理过程中，需要用到的核心技术有 3S 技术、大数据分析技术等。

（1）3S 技术

3S 技术是遥感技术（Remote sensing，RS）、地理信息系统（Geography information systems，GIS）和全球定位系统（Global positioning systems，GPS）的统称，是空间技术、传感器技术、卫星定位、导航技术、计算机技术、通信技术等多学科高度集成地对空间信息进行采集、处理、分析、表达、传播管理和应用的现代信息技术。基于 3S 技术可实现对各种空间信息和环境信息的快速、机动、准确、可靠的收集、处理与更新领域的优势，其在村庄规划中的应用包括获取村庄规划所需各种信息、进行数据分析和指标统计、三维可视化和虚拟现实模拟以及在村庄规划实施与管理等均非常普遍（图 5-7）。

其中遥感、GPS 技术和数字化野外测量技术的融合，解决了村庄规划过程中空间地理信息采集问题，当前卫星遥感图像的精度可以达到米级甚至分米级，采用 GPS 或者北斗卫星定位的无人驾驶飞机可以直接快速地获取特定区域的空间信息并快速制作数字化影像图和矢量地形图。

a）某村庄航拍图　　　　　　　　　　b）野外田野调查路径定位记录工具

图 5-7　3S 技术在村庄规划中的应用

图片来源：北京北达创智城市规划设计研究院

（2）互联网与大数据技术

以互联网产业化和智能化为标志、以技术融合为主要特征的第四次工业革命正以一系列颠覆性技术深刻地影响和改变着我们的乡村：人们的思维方式从传统的机械思维向大数据思维转换，认知方式也逐渐向虚实结合的体验过渡，乡村地区的资源利用、社会状况和空间利用也正经历着一系列变革。如今中国已进入大数据时代，与传统的村庄规划方法相比，大数据重构为村庄规划提供了全面、丰富的基础数据，通过计算机应用技术对数据处理技术，提高了规划的系统性和科学性，同时在互联网时代，亦可通过线上问卷调查等公众参与方式，提高村民公众参与的热情，这也为实现农村公共利益提供了便捷、有效的途径。对此，村庄规划过程中应建立数据监测系统，协助改造规划，并在此基础上，推进村庄规划的编制任务，最终全面促进村庄的健康发展。

首先在大数据时代下，村庄规划调研的样本选择和手段有了更加高效的方式，新的技术能够带来更加广泛的公众参与，如利用移动互联网建立公众平台进行线上调查，比传统的纸质面对面调查高效得多，可以确保人人都有机会平等的发声机会和表达诉求的途径，提高了村庄规划的公众参与度。

其次，大数据技术有利于精准判断村庄内各个家庭的真实需求。传统的对村庄能源、基础设施的预测和统计方法是按照人口的统计数据进行核算。随着城市化浪潮的到来，人口流动加剧，村庄实际居住人口与统计人口往往有较大的出入，造成资源配置的浪费。在大数据平台的支持下，可以有效地获取村庄的实际消费需求信息，如通过公交刷卡数据、微信、微博信令数据，可以比较精准地反映村庄人口空间分布和活动特征，为相应的公共服务配套提供精准的数据支撑（表5-10）。

表 5-10　传统村庄规划与大数据平台村庄规划的比较

	传统村庄规划	大数据平台规划
数据获取范围	随机抽样	全部、总体样本
数据获取手段	实地调研、问卷、数据统计、相关图书文献资料	物联网、智能地图、3S 技术
数据获取模式	部门协商	数据平台与部门共享
数据分析模式	注重因果分析	注重相关性分析
规划运作系统	目标 - 手段 - 行动	数据 - 计算 - 预测 - 目标 - 手段 - 行动 - 反馈

资料来源：根据公开资料整理

此外，大数据平台还能在产业选择、电商下乡、智慧乡村、智慧三农等领域发挥其独特的优势，提升村庄发展的智能水平。

（3）GIS 与 CAD 技术

GIS 与 CAD 技术主要是解决实体空间的数字模型问题，利用 GIS 与 CAD 技术可以构造与现实世界对应的虚拟地理空间，并用数字模型对现实地理空间的现象和过程进行模拟和仿真。GIS 有着十分强大的管理空间信息的功能，能够将社会、经济、人口等属性信息与地表空间位置相连，以组成完整的规划信息数据库，方便查询、管理、分析、应用和显示；同时 GIS 也提供了很多地理空间分析功能，如图层叠加、缓冲区、最佳路径、自动配准等[1]。

GIS 可应用于村庄规划领域的各个方面，从设计到管理，从前期资料收集整理到成果出图，不同用户不同的阶段有不同的应用重点，如在国土空间规划管理部门主要应用 GIS 空间数据库功能，以查询显示为主；而在设计部门则要用到 GIS 的空间分析功能，其在 GIS 空间数据库的基础上加入规划专业分析模块，如用 GIS 生成高程、坡向、坡度等专题并进行土地适应性分析图辅助规划方案的制定、编制人口、经济、社会、就业等专题地图。

（4）虚拟现实技术

虚拟现实技术（Virtual Reality，VR）又称灵境技术，是 20 世纪发展起来的一项全新的实用技术。虚拟现实技术囊括计算机、电子信息、仿真技术于一体，其基本实现方式是计算机模拟虚拟环境从而给人以环境沉浸感，随着经济社会的发展和科学技术的不断进步，各行各业对 VR 技术的需求日益旺盛。

虚拟现实技术在村庄规划上的应用也被称之为数字仿真，它是将"虚拟现实"技术应用在村庄规划领域。用三维模拟能够实现任意位置二维图形的立体图像，用户可以通过自己定制各种不同的纹理和模拟选项，人们能够在一个虚拟的三维环境中，用动态交互的方式对未来的村庄或居民点进行身临其境的全方位的审视：可以从任意角度、距离和精细程度观察场景；可以选择并自由切换多种运动模式，如：行走、驾驶、飞翔等，并可以自由控制浏览的路线。而且，在漫游过程中，还可以实现多种设计方案、多种环境效果的实时切换进行比较。

---

① 段义猛，杜世宏.GIS 技术在山地规划设计中的应用 [J].规划师，2002，18（11）.

5.7.3 规划信息管理技术

信息技术（CIT）是指对信息的采集、加工、存储、交流、应用的手段和方法体系。村庄规划本身是一个信息采集、加工、存储和管理的过程，在规划编制和管理的不同阶段，信息技术均发挥着重大作用。从前期调查、分析，到编制规划方案及规划的落地、实施、建设，根据需要采用相应的信息管理措施，比如，地形地籍测量、界限调整、土地确权等。信息技术对村庄规划的作用与影响，主要是通过一系列土地管理措施的综合运用，确保了村庄规划前后的信息的精准科学及公正，更为重要的是改变了传统规划管理与社会的信息交流与反馈机制，进而对村庄规划的管理带来深远的影响。

（1）现状调查阶段的信息应用技术

在现状调查阶段，信息管理技术的应用主要体现在对村庄国土空间的勘测并登记入库，建立村庄基本信息数据库，包括人口与劳动力信息数据库、土地与矿产资源数据库、农经统计资料数据库、农村土地承包及承包合同管理数据库、社会综合管理数据库、集体资产管理数据库、专项补助资金监测数据库等。

（2）规划编制阶段的信息应用技术

在规划的编制阶段，需要借助 GIS、CAD 等软件工具，建立村庄规划技术数据库，图件信息库和文本信息库，其中图件信息库包括村庄位置图、村庄现状图、村庄土地利用规划图、村庄用地规划图、村庄建设用地现状图、村庄建设用地规划图、村庄道路交通规划图、村庄基础设施工程规划图、住宅方案图、其他图纸等。在制作这些图件时，需要注意图层分类分层、地类转换与划定、空间分析、图面设计、符号化表示等方面。

一是图层分类分层。在明确村庄规划系统专题图编绘的目的任务基础上，运用各种地理要素表现制图区域的自然地理特征和社会经济状况，如土地规划图斑、产业分区等，底图要素是标明专题要素空间位置以及与地理背景的联系，主要有道路红线、水系、境界等。根据不同专题要素现象的典型特点、分布规律、发展趋势等，底图要素所表示的水系、交通网、土地图斑等要素既要相对均衡地表达出来，又要能凸显专题要素。

二是地类转换与划定。根据村庄用地分类标准，对村庄土地进行分类划分，对于城市建设边界线以内的建设用地采用控制性详细规划分类标准；对于城市建设边界线外的建设用地采用村庄用地分类标准。

三是空间分析。包括河道和道路中心线、规划河道蓝线、规划道路红线确定。利用地形图，提取现状河道、道路线（双线），利用 GIS 工具，得到河道、道路中心线，利用河道、道路中心线，以及规划的河道、道路对应的等级宽度，通过缓冲区工具（Buffer）、面转线工具（Polygon to line），得到河道、道路的面图层和线图层。制定土地使用规划图、市政管道布局示意图、居民点布局等图纸。

（3）规划管理阶段的信息应用技术

信息应用技术在规划管理阶段可以起到以下的作用。一是规划辅助编制。规划辅助编制是指利用计算机在统一的空间系统中明确土地利用规划等相关规划的地理位置、范围界限等各项指标，以及在规划实施过程中根据实际需要，按照法律法规程序对经批准的规划进行局部调整，经批准后落在空间系统中，使得到规划更改有据可依，管理规范有效。辅助编制包括规划的方案拟定、方案比较、成果输出等；规划局部调整包括对用地布局、规划指标等的调整。二是规划成果管理。它是指对经批准的规划成果及在规划实施中形成的相关规划建设成果，包括图件、文档等。图件成果包括现状图、规划图、规划专题图或专项规划图及规划管理中产生的其他图件、影像资料等。现状图包括基础地理要素、现状地类要素、注记要素等；规划图包括基础地理要素、用途分区、重点建设项目、注记等；规划专题图或专项规划图由各地根据实际需要增加，如功能分区图、重点建设项目用地规划图、基本农田保护区图、生态整治与保护规划图、土地整理复垦开发规划图。成果图件管理功能包括规划图、专题图或专项规划图的存档、调阅、查询、统计、任意区域、任意比例尺的输出、调整、修改。

第 6 章　村庄规划总则

在村庄规划编制过程中，村庄规划总则是对村庄规划的编制背景和相关要求进行阐述的一项前置工作，一般包括规划背景、规划依据、规划指导思想、规划范围、规划原则、规划定位、规划的任务、技术路线、规划重点、规划期限、近期建设计划等。

6.1 村庄规划目标

规划目标包括总体目标和细分目标。总体目标是对村庄规划的一个预期的总体概述，不同类型的村庄在规划总体目标的阐述上侧重点不同。细分目标一般是对不同的领域提出具体的量化指标，以确保村庄规划的可实施性和实施评估的可行性。

6.1.1 总体目标

村规划是乡（镇）国土空间总体规划的重要组成部分，是落实村庄土地用途管制的基本依据，属于详细型和实施型规划。依据乡镇国土空间规划的相关要求，在村域空间内统筹安排农村生产、生活、生态空间，结合村域功能定位，确定村域经济发展、生态保护、耕地和永久基本农田保护、村庄建设、基础设施和公共设施建设、环境整治、文化传承等方面的需求和目标，明确规划内容和实施路径，制订实施计划，促进农村土地规范、有序和可持续利用。

例如，某省级新农村示范片规划提出以"管理有序、服务完善、文明祥和、永续发展、用地集约、特色鲜明、生态优先、为民服务"为原则，以建设省级新农村和打造环现代农业、乡村旅游示范片为建设目标，以规划为抓手，以政策为支持，加强现状调查，强调村民参与和"多规合一"。制定和完善村庄建设规划"落地"的保障政策及实施机制，强化规划引领作用，为建设具有地区特色的"新农村示范片"，为当地农民创收提供更多地规划保障。

6.1.2 细分目标

细分目标可以从经济、社会、环境、文化等不同维度提出具体的规划发展目标，并围绕这些目标制定相关的规划方案和措施。

（1）经济目标

经济目标是反映村庄经济发展与村民生活水平的相关指标，包括村民人均收入、村集体收入、特色产业发展等指标。不断创新农业生产和经营模式。一方面，可以把农村经济从传统的粗放型生产升级转型到规模化、集约化生产，提高粮食产量及其稳定性，建立可持续的高效农业和循环经济；另一方面，也可以加快转变农业经营方式，推动农业产业化，引导农产品深加工，延长产业链，提高附加值，增加农民收入。研究村庄所在区域的自然资源优势，挖掘具有较强的地方特色生产项目，确定地方产业特色和发展定位，在充分利用和开发乡村自身资源的同时，积极探索生态环境、文物古迹、非物质文化遗产、民族民俗文化保护和发展新途径。以旅游为载体，将产业作为方向，在不破坏生态环境的前提下激活乡村资源潜能，发挥乘数效应优势带动乡村综合发展，以带动农副产品加工业、服务业、交通运输、文旅等相关产业的发展，培育农村发展新动能，调整和优化农村产业结构。

（2）社会目标

社会目标是反映村民生产生活需求保障与公共服务设施完备性的相关指标，具体包括但不限于：新型农村合作医疗参保率或参合率、家庭人均纯收入低于当地最低生活保障标准的家庭享受最低生活保障的比例、符合农村社会养老保险参保条件的村民参保比例、建有农村卫生所（室）和文化活动室等。在规划过程中要加强农村基层组织建设，巩固党在农村的执政基础。积极引导农民群众以理性合法的形式表达利益诉求。提高村庄设施管理水平，充分发挥村庄公用设施的作用。加强农村社会治安综合治理，无私彩、无吸毒现象，维护农村社会稳定。

（3）环境目标

环境目标是反映村庄风貌与绿化开敞空间的指标，包括村庄的危房、泥砖房和茅草房改造，集中型小公园数量及其绿地率等。生态环境与基础设施建设指标，如道路硬化率、路灯普及率、集中供水率、污水处理率、生活垃圾无害化处理率等。维育可持续发展的生态系统，保护具有独特自然生物群落或珍稀物种的栖息地等。维育区域生态格局，保护具有独特的自然地貌或山水的生态格局，并进行合理开发利用。挖掘特色生态产业链，整合地方自然生态资源，形成特色生态产业，并发展循环经济理念，实现"资源消费—

产品—再生资源"的生态链条。在乡村空间整治方面，明确国土空间生态修复目标、任务和重点区域，安排国土综合整治和生态保护修复重点工程的规模、布局和时序，明确各类自然保护地范围边界，提出生态保护修复要求，提高生态空间完整性和网络化。

（4）文化目标

乡村规划的文化目标是维护乡村原有的历史文化基础，并随着时代发展为乡村赋予新的文化内涵。其主要内容包括：提升当地的文化软实力，维护和修缮现存的历史建筑、古村落、老街区、名人故居等人文历史资源，展示当地人文历史；增强人文特色和文化内涵，以非物质文化遗产为依托，挖掘和整合当地的传统节日、传统手工艺和传统风俗等非物质文化遗产；保护和开发能够较完整地反映传统风貌、民俗风情和地方民族特色、具有较高艺术和文化价值的村庄，使其焕发活力。

6.2 村庄规划的原则

村庄规划作为协调镇域与村域间区域关系的重要纽带，同时也是村庄个性化发展的具体体现，具有综合性、政策性、地方性等特点，涉及面广、技术业务复杂，但目前还没有一个完整的系统理论支持。因此，要坚持生态文明的理论统领村庄规划的全局，根据《村庄和集镇建设规划管理条例》（1994）、《城乡规划法》（2019修订），结合城乡关系以及城乡发展的相关理论和标准为依托，坚持基本原则制定村庄规划。

6.2.1 以人为本原则

村民是村庄发展的核心主体。我们做规划时，应充分听取村民意见，尊重村民意愿，积极引导村民健康生活。《城乡规划法》《村庄与集镇规划建设管理条例》均规定了村民在村庄规划中的作用，《国家新型城市化规划》更明确地提出，新型城市化是"人"的城市化，"以人为本"的城市化将更加尊重村民的意愿。在规划过程中的具体体现为对村民的走访调查、驻村体验、村民代表参与规划成果审阅、村庄规划方案以方便村民生产生活为重要目标；另外，"以人为本"的理念还体现在以"政府为主、市场为辅"的执行策略中，政府作为公共服务的供给者有能力建设和布局相关的基础设施和公共服务设施，而市场的行为则能够提高设施供给的效率与效果。

6.2.2 城乡融合原则

中国近年来对城乡关系的政策表述，从"统筹城乡发展"到"城乡发展一体化"，再到"城乡融合发展"，既反映了中央政策的一脉相承，又符合时代发展各阶段特征和具体要求。在村庄规划过程中，坚持城乡融合发展原则，推动城乡产业发展、务工就业、文旅乡愁、生产生态等各要素的流动与融合，实现城乡共建共享共荣，是解决城乡地区不平衡、不充分的发展难题的根本途径，也是确保乡村地区实现高质量发展的前提条件。

6.2.3 因地制宜原则

中国国土广袤，地域资源与生态环境差距显著，发展水平不平衡，文化特色各不相同。同时，中国是一个务实的国家，因地制宜是国人务实思想的体现，根据实际情况，采取切实有效的方法，使人和建筑适宜于自然，回归自然，反璞归真，天人合一。因此，在村庄规划过程中，要综合当地自然条件、经济社会发展水平、生产方式等，因地制宜，根据环境的客观性，采取适宜于自然的开发方式，因村施策部署村庄各项建设。

6.2.4 节约用地原则

中国虽然国土面积广袤，但是未能有效利用土地，尤其是耕地面积有限，人均耕地面积少。村庄应坚持集约节约用地的原则，充分利用丘陵、缓坡和其他非耕地进行建设，紧凑布局村庄各项建设用地，促进村庄集聚发展。具体而言，集约节约用地主要包括了三层含义，一是节约用地，就是各项建设都要尽量节省用地，想方设法地不占或少占耕地；二是集约用地，加强建筑设计，提高每宗建设用地的投资强度和产出效率；三是通过土地整合、置换及储备，合理安排土地开发的时序，优化建设用地结构和布局，挖掘土地潜力，提高土地配置和利用效率。

6.2.5 记住乡愁原则

传统村落记忆承载着文化传统和乡愁情感，具有文化规约、社会认同、心理安慰与心灵净化的功能。因此，村庄规划要"让居民望得见山，看得见水，记得住乡愁"，就是要找准特色、凸显特色、放大特色。需要更多地融入地方元素，有效保护和合理利用历史文化，尊重健康的民俗风情和生活习惯，突出乡村风情、地方特色，留住乡愁。在城乡快速衍变，记忆不断模糊的时代背景下，我们需要对乡村的记忆重新认知与评价，找寻并建立记忆场所与过程，缓解村庄尤其是一些传统村落面临的记忆"破碎""失忆"等危机。

6.2.6 循序渐进原则

村庄规划建设是一个庞大、复杂和长期的系统工程，不可能一蹴而就。因此，要正确处理村庄发展过程中的近期建设和长远发展的关系，按照每个阶段不同的目标诉求，确定近、中、远期目标和实施方案，循序渐进地推进村庄建设。同时要求村庄建设规模、速度同当地经济发展、人口增减相适应。

6.2.7 可持续发展原则

坚持可持续发展的原则，实现村庄未来的平稳持续发展。为产业发展创造多元化生长空间、合理利用土地资源、保持传统空间结构的相对完整、遵循生态设计观，从而推进农村地区经济文化生活的全面发展。实现村庄发展与环境保护的协调、近期建设与远期发展的协调；实现经济效益、社会效益和生态效益的协调，以达到既满足眼前发展需要，又不损害子孙后代未来发展的目标。

6.3 村庄规划的主要任务

在生态文明时代背景下，面向乡村振兴目标的村庄规划核心任务是优化村庄发展目标、坚守生态和耕地红线的同时，平衡村庄未来开展的各项建设，协调生产、生态和生活空间布局。根据自然资源部办公厅印发的《关于加强村庄规划促进乡村振兴的通知》，村庄规划的主要任务包括九大方面：

6.3.1 统筹村庄发展目标

落实上位规划要求，充分评估资源环境承载力，结合人口和资源环境条件、经济社会发展、人居环境整治等因素，研究制定村庄整体发展、国土空间开发保护、人居环境整治目标，明确各项约束性指标。

6.3.2 统筹生态保护修复

落实生态保护红线划定成果，明确山、水、林、田、湖、草等生态空间，尽可能多地保留乡村原有的地貌、自然形态等，系统保护好乡村自然风光和田园景观。加强生态环境系统修复和整治，慎砍树、禁挖山、不填湖，优化乡村水系、林网、绿道等生态空间格局。

6.3.3 统筹耕地和永久基本农田保护

落实永久基本农田和永久基本农田储备区划定成果，补充耕地建设任务，守好耕地红线。统筹安排农、林、牧、副、渔等农业发展空间，推动生态农业、循环农业发展。完善农田水利配套设施布局，保障设施农用地和农业产业园合理发展空间，促进农业转型升级和农业发展方式转变。

6.3.4 统筹历史文化传承与保护

深入挖掘乡村历史文化资源，划定乡村历史文化保护线，提出历史文化景观整体保护措施，保护历史遗存的真实性。防止大拆大建，做到应保尽保。加强各类建设的风貌规划和引导，保护好村庄的特色风貌。

6.3.5 统筹基础设施和基本公共服务设施布局

在县域、乡镇域范围内统筹考虑村庄发展布局以及基础设施和公共服务设施用地布局，规划建立全域覆盖、普惠共享、城乡一体的基础设施和公共服务设施网络。以安全、经济、方便群众使用为原则，因地制宜提出村域基础设施和公共服务设施的选址、规模、标准等要求。

6.3.6 统筹产业发展空间

统筹城乡产业发展，优化城乡产业用地布局，引导工业向城镇产业空间集聚，合理保障农村新产业新业态发展用地，明确产业用地用途、强度等要求。除少量必需的农产品生产加工外，一般不在农村地区安排新增工业用地，要在工业发展的同时加强对生态环境的保护。

6.3.7 统筹农村住房布局

按照上位规划确定的农村居民点布局和建设用地管控要求，合理确定宅基地规模，划定宅基地建设范围，严格落实"一户一宅"。充分考虑当地建筑文化特色和居民生活习惯，因地制宜提出住宅的规划设计要求。

6.3.8 统筹村庄安全和防灾减灾

分析村域内地质灾害、洪涝等隐患，划定灾害影响范围和安全防护范围，提出综合防灾减灾的目标以及预防和应对各类灾害危害的措施。

6.3.9 明确规划近期实施项目

研究提出近期亟需推进的生态修复整治、农田整理、补充耕地、产业发展、基础设施和公共服务设施建设、人居环境整治、历史文化保护等项目，明确资金规模及筹措方式、建设主体和方式等。

第 7 章　村庄基础研究

要做好一个村庄规划，首先要通过扎实的基础研究充分了解和认识村庄，村庄基础研究是开展村庄规划的重要基础工作。一般而言，村庄基础研究内容包括村庄的区位研究、发展历史与现状的研判、发展条件的分析以及对相关政策和规划的研究。在研究方法上，村庄基础研究强调"大处着眼，小处着手"，旨在通过对微观问题审视，从宏观视角提出发展的政策和指引。

7.1 村庄区位研究

区位（Location），不管对经济社会活动还是对村庄的发展，都具有重要的影响。村庄规划不能就村论村，一叶障目，需要跳出村庄看村庄。区位的影响因素可分为自然因素区位、社会经济因素区位及技术因素区位。自然因素包括地理位置、区位形状、地形、地貌、地质、气候、水文、土壤等；社会经济因素包括人口、人才、民族、宗教、文化、政治、政策、商业、工业、交通运输、土地价格、管理、市场等；技术因素包括科技水平、良种育种、化肥、机械等。区位因素对农业、工业、交通运输和服务业都可以产生各种影响，形成了农业区位论、工业区位论和交通区位论等相关的区位理论，对空间经济学产生了重大的影响。对于村庄规划而言，对村庄的区位主要从空间区位、经济区位和生态区位几个方面需要有一个精准的判断。

7.1.1 村庄空间区位

村庄的空间区位是指村庄在地理上在不同空间尺度下的位置关系，如村庄在行政管理上在乡镇、市县、区域、省市乃至全国的位置，含村庄的交通区位。村庄的交通区位是指村庄在空间中所属的行政区、经济辐射片区、功能区，以及其与高铁、高速公路、省道、县道等交通要道最近出入口的通勤距离，与县城、中心镇的通勤距离，区位交通条件对村庄的经济、社会发展具有极其重要的影响作用。通过村庄的区位交通条件可明确村庄对外交流的便捷性和未来发展的外部环境，可明确村庄的未来发展定位，其对村庄空间布点至关重要。

在村庄规划过程中，通过分析村庄的空间区位，可以判断村庄所处的地理环境、气候特征、文化属性、交通条件等，为村庄选择产业发展方向、市场开拓、区域协同等工作提供基础研判。

7.1.2 村庄经济区位

村庄的经济区位是指村庄的经济发展水平、产业结构、人均收入等在乡镇、市县、区域乃至全国层面的位置和地位。如村庄是否属于国家粮食（经济作物）主产区、是否属于国家沿海、沿江、沿边开发地区、是否属于扶贫地区，是否属于大都市区或者中心城市近郊区或者市场腹地，是否属于老少边穷扶贫地区等。准确判断村庄的经济区位，可以为村庄的经济规划过程中的产业发展定位、产业业态以及功能布局选择提供研判基础。

7.1.3 村庄生态区位

根据生态环境特征、生态环境敏感性和生态服务功能在不同地域的差异性和相似性，通过相似性和差异性归纳分析，可以将一定的区域空间划分为不同生态功能区。村庄的生态区位是指村庄在所在区域的生态功能区中的定位。

在生态文明建设过程中的村庄规划，分析其生态区位尤为重要。根据对生态区位的分析判断，为各层次空间规划过程中划定村庄范围内的生态保护区，生态保护线的定位定线，永久基本农田的划定和保护措施的制定具有重要的支撑作用。

7.2 村庄发展现状研究

对村庄的现状进行描述，明确界定规划区域的范围（包含的村庄规模、数量）与区域面积，对村庄的发展现状展开适当评价，确定村庄的未来发展动力，主要包括五个方面：村庄的经济发展水平、社会发展现状、村庄建设现状、村庄文化现状、村庄生态环境，等等。

7.2.1 经济发展现状

村庄经济水平是村庄未来发展的重要基础，其受多方面因素的影响，且决定着村庄未来发展的新高度。在村庄规划时需要了解村庄的经济发展水平现状和经济发展形势，通过研究村庄的经济发展变化，评价村庄经济对村庄发展的支撑作用。

在制定村庄规划时，应以经济建设为中心，明确村庄未来发展的主导、特色产业，通过村庄的合理布局和发展指引，实现村庄未来经济的快速发展。主要包括村庄经济发展规模与结构、产业结构、村民人均收入、集体经济收入与支出、村民收入的主要来源、村庄主要经济增长点、乡镇企业产值等。

在调查过程中，需要注重收集镇、村、企业的统计年鉴或年报，部分可采取问卷调查、座谈会等方式以获取翔实的资料。

7.2.2 社会发展现状

村庄社会现状是指对村庄社会发展具有重要影响作用的因素，包括村庄发展历史、村庄人口和劳动力变化等；另外，村庄居民点的耕作半径、村庄密度的合理性反映着村民的生产生活状况，也是反映村庄社会发展情况的重要指标。

（1）历史沿革

历史沿革是指村庄的形成与发展过程，该历史资料包括村庄的重大历史事件、历史文物古迹、宗教信仰；村庄兴盛与衰亡、行政隶属变迁、历史发展中的重大教训等。规划过程中要重点考察和研究独具历史文物古迹、重大事件、重大教训的村庄，注重收集县志、村志等资料，并采取参观、座谈等方式以把握村庄的历史发展。

（2）人口现状

村庄人口是村庄布点规划中的重要内容之一，因为村庄人口的变化对村庄的未来发展具有重要的影响作用，尤其是对村庄资源、社会保障和公用设施规模与布局的影响，故需要注重对村庄人口、劳动力供给情况进行预测。主要包括人口总数、人口结构和人口变动三个方面。其中，人口总数包括：户籍人口数、常住人口数、流动人口数、外出务工人口数、劳动力规模、总户数、户均人口数；人口结构包括：劳动力与非劳动力比例、男女比例、各年龄段人口构成；人口变动包括：出生率、死亡率、迁入迁出情况、劳动力变化情况等。

7.2.3 村庄建设现状

村庄建设现状是村庄现状调查的重要内容之一，是反映村庄建设水平的重要工作，也是下一步谋划村庄建设项目的重要依据。主要包括对村庄土地利用、房屋建设、景观风貌、道路市政、公共配套等方面的调查。在调查过程中，需要制作建设现状调查登记表，明确登记了解村庄的建设信息。

（1）土地利用现状

按照国土空间规划用地分类标准，对村庄的各类用地进行全面的摸查并登记入册，重点了解乡镇国土空间规划划定的生态空间、农业空间以及永久基本农田的范围、宅基地、经营性建设用地、公共服务设施用地、道路交通用地、基础设施以及绿化用地等建设用地的规模与红线范围。制作村庄现状图，作为村庄规划的基础图件之一。

（2）房屋建设现状

村民房屋大部分是村民自建房，房屋质量参差不齐，建造时间也大相径庭，需要对村庄现状房屋建筑进行摸查和评价。根据建筑年代、建筑材料和建筑结构，对村内房屋建筑按照一、二、三类建筑进行评价并制作建筑评价分析图，同时进行建筑风貌评估。

其中一类建筑是建筑质量比较好，一般是框架结构建筑，建造年份不长，不影响村庄未来的规划布局，可以给予保留的建筑；二类建筑是有一定的保留价值，但是建筑质量较差，平面使用不合理，需要进行整改或者部分拆除改建的建筑；三类建筑是建筑质量较差，建造时间较为久远，没有保留价值需要拆除的建筑。

（3）道路市政现状

利用航空影像图、地形图等基础信息图件，总结汇总村内道路与市政工程现状，了解村庄在道路交通和基础设施方面存在的短板和问题，包括给排水情况、排污管道等地下管网、污水处理设施、村道、交通状况、农田生产的基础设施、村庄市场状况等。

（4）公共配套现状

公共设施主要包括基础设施和公共服务设施，统筹城乡公共设施布局，城镇基础设施向村庄延伸是新型城市化的内在要求，也是城乡一体化发展的重要体现，是实现城乡联动的重要指标。重点关注公共设施的规模、现状布局、使用情况与效果，可采取问卷调查和实地走访的方式切实了解与感受村庄公共设施的现状。在公共服务设施方面，包括学校及其类型、卫生室或诊所、公共建筑、文体娱乐设施，等等。

7.2.4 村庄文化现状

通过地方志、与年长村民、宗族长老等访谈等方式，全面了解村庄的文化习俗、包括民俗风情、节日庆典、其他社会活动、建筑风格与特色等，通过村庄文化资源的调查，在规划过程中，要尊重村庄的文化习俗、符合政策要求，重点强调对资源的保护与挖掘，并形成一定的带动效应，制定打造独具村庄特色的文化发展指引，保护村庄传统文化。

7.3 村庄发展条件研究

村庄发展需要依托当地内外条件，而不同区域的情况千差万别，需要根据该地的实际发展情况，充分考虑人口、经济、土地资源、公共服务设施、交通区位及生态资源等发展条件。在充分了解村庄现状基础上，对村庄发展的内外环境与条件进行系统分析，把握村庄发展的趋势，充分利用外部机遇，为村庄的发展提供发展方向。具体内容包括自然条件分析、经济发展条件分析、社会条件分析、土地资源条件分析等。

7.3.1 自然条件分析

村庄现状及其历史发展与村庄所处的自然条件密切相关，不同的自然条件对村庄未来的发展会形成制约。自然条件的概述需要结合村庄所处的区位，重点关注对村庄布局、未来发展指引具有直接重大影响的因素，并结合技术发展的趋势，找出目前制约村庄发展的主导因素即可，主要包括地形地貌、地质、水文和气候条件、生物因素。

表 7-1 村庄发展自然条件因素

自然条件	影响因素
地形地貌	形态、坡度、坡向、景观、地貌特征
地质	土质、风化层、冲沟、滑坡、熔岩、地基承载力、矿藏、地震和崩塌等自然灾害、地表土层构成
水文和气候	江河流量、流速、流向、含沙量、水位（洪水位）、水质、地下水量、可开采范围、水源位置、水源深度、降雨量、风向、气温
生物因素	野生动植物、森林、草场

资料来源：安国辉，张二东，安蕴梅.村庄规划与管理［M］.北京：中国农业出版社.2009.

7.3.2 人口条件分析

村庄的规模是建立在一定数量人口的基础上，人口数量决定着村庄的规模与发展。根据人口数量可以将村庄划分为小型村庄、中型村庄、大型村庄。不同类型拥有不同的人口数量，决定着村庄的经济发展基础，同时也决定提供了多大的本地市场。同样，人口结构与人口素质对村庄发展规划也具有决定性作用。村庄人口结构中劳动力居多将有利于发展第二产业，青壮年劳动力拥有更高的生产效率。人口素质同样对村庄规划有极大的影响。高素质人才不仅能够提供劳动力，更为重要的是提供智力，提出有利于农村发展的建设性意见，帮助村庄更好地规划发展。

7.3.3 土地资源条件

土地是村庄发展的空间载体，同时耕地资源是一个地区社会稳定和发展的前提。村庄的建设面积直接决定着拆迁安置费用及公共服务设施的配套情况，以及耕地资源的分布对村庄规划也将产生重大的影响。对土地资源条件的分析图件建议采用不小于 1 : 2000 土地利用现状数据作为工作底图，可根据村域实际，适当调整数据精度，有条件的地区，可以采用 1 : 500 比例尺精度。

7.3.4 经济发展条件

经济发展对村庄建设具有较大的影响作用，两者呈现正相关性。该项指标主要反映村庄整体经济实力，只有较强的经济实力，村庄才能有更多的资金投入到村庄基础设施和公共服务设施的建设中。对村庄经济发展条件的分析包括研究经济发展依托力量以及自然资源禀赋情况，旅游资源情况等。考虑到全球休闲经济的到来，乡村旅游成为近年来旅游发展的重要方面。村庄人文、自然、历史文化资源丰富，旅游业的发展正在逐步推进，旅游景点开发与乡村建设存在一定的相互关系，未来村庄要充分依托自身的生态旅游资源及人文历史资源，打造特色美丽乡村，建设生态宜居城市。

7.3.5 公共设施条件

公共服务设施条件能够反映一个村庄的基础条件，决定着村民的生活质量。村庄的基础设施服务与村民生活息息相关，学校、医院、金融服务网点、文娱设施、交通道路与站点的完备程度决定着村庄发展前景。基础设施完备的村庄在发展过程中能够长袖善舞，依托便利的基础设施条件实现发展。

7.3.6 区位交通条件

判定各村的地理位置与交通条件，距离高等级道路越近，对外交通条件越好，发展潜力越大，对周边的村庄吸引力也越大，有利于村庄的快速发展。

7.3.7 生态环境条件

面对生态文明时代的到来，村庄发展需要对村庄内部的生态资源环境进行摸底调查，明确生态保护空间并划定生态保护线，对生态环境资源进行分类分级管制并制定相应的措施。

7.3.8 发展动力条件

根据村庄未来发展的动力来源可将其发展动力分为外部带动型和内部自生型。外部带动型是指村庄的发展通过外部力量的带动来实现，需要考虑村庄以外的区域发展情况，即市（县）、所属镇区的发展情况、辐射范围，还包括区域重大项目、交通要道和省域经济走廊的布局建设情况。而内部自生型是指通过内部资源的整合与集聚实现村庄的快速发展，应重点关注村域范围内或邻近地区的工业园及乡村企业的发展情况，整合村庄劳动力资源、土地资源、文化政策资源，以促进村庄的内生持续发展。

7.4 村庄相关规划研究

国土空间规划是一个下位规划服从上位规划自上而下的政策体系，村庄规划作为国土空间规划的一个组成部分，是一个自上而下落实上层规划和自下而上反映村民发展诉求的政策协调过程。因此需要对村庄相关的上位规划和村庄范围内的相关规划进行研究。

7.4.1 上位规划研究

对相关规划的研究，首先要对上位规划进行研究和梳理，把握上位规划对本规划区的强制性管控要求、发展定位与指引。包括市县以上国土空间规划、乡（镇）国民经济社会发展规划、乡（镇）国土空间总体规划、乡镇国土空间专项规划等均属于村庄规划需要研究的上位规划。

（1）市县以上国土空间规划

市县以上层面的国土空间规划包括县国土空间总体规划、相关专项规划以及跨乡镇层面的国土空间专项规划如区域交通规划、区域旅游规划等，都可能会对规划区提出相关的发展与管控要求，需要判断规划区是否属于该上位规划中的生态区或农业区，有无区域重大基础设施的选址要求，在相关专项上有无提出相应的管控要求与发展指引。

（2）乡（镇）国民经济和社会发展规划

国民经济和社会发展规划是村庄所在乡镇经济、社会发展的总体纲要，对全镇未来五年的经济社会发展做出了详细的部署。村庄规划需要以该规划为指导，落实该规划对本村的产业和功能定位，重大基础设施安排和生态环境保护要求。

（3）乡（镇）国土空间总体规划

乡镇国土空间总体规划对全镇的空间要素进行了统一部署，在村庄规划过程中需要重点研究乡镇国土空间总体规划，对该规划的"三区三线"进行详细的分析，了解本规划区在全镇国土空间规划中的定位，包括产业定位、功能定位、生态定位等，并研究在上位的定位之下，本村的发展空间。

（4）乡（镇）国土空间专项规划

除了上述法定规划之外，对于部分乡镇，还可能有一些乡镇层面的专项规划与本村的发展具有一定的交集，如交通规划、水利规划、生态环境保护规划、农业规划等，需要系统研究这些专项规划对本村的政策要求和空间管控要求。

7.4.2 相关规划研究

相关规划是指除了上述法定上位规划之外，针对本规划区的其他相关规划，如一些开发项目规划、策划等，这些相关规划同时也是村庄发展过程中相关利益主体的发展诉求的体现，因此，作为以村民为主体，面向实施的村庄规划，需要充分协调这些专项规划的诉求，在村庄规划中给予落实。

第8章　村庄经济规划

发展经济是作为基层单位的乡村的第一要务。因此，村庄规划必须要以富民强村、发展经济为第一要务。这需要对村庄的经济业态包括农业、加工制造业和以乡村旅游业为核心的现代服务业进行系统谋划。挖掘农业在生产、加工、服务等方面的多种功能，成为农业供给侧结构性改革的一大新课题。各地以农产品加工业、休闲农业、乡村旅游和电子商务等新产业、新业态、新模式为引领，促进农业"接二连三"或"隔二连三"，实现产业链相加；通过质量品牌提升一次增值、加工包装二次增值和物流销售三次增值，实现价值链提升。

8.1 村庄产业发展战略

8.1.1 制定产业发展思路

以自然资源禀赋和当地沉淀的特色产业为基础，以市场为导向，以高产、高效、生态、安全为产业发展原则，以提质增效、增加农民收入为核心，以适度规模发展特色产业为重点，通过资源、市场、资金、技术、人才等各要素的优化配置，推行标准化生产和产业化经营，根据国家和省的相关产业发展指导方针、新农村建设总体发展规划目标，科学制定切实可行的产业发展思路、发展原则与发展目标。

8.1.2 规划布局重点产业

依据村庄规划定位和整体发展策略，以供给侧结构性改革为主线，提出重点发展建设的产业或产品，并因地制宜地规划三次产业空间布局，发展新兴产业，对传统产业进行提质增效。

8.1.3 谋划产业重点项目

以高质量发展为目标、当地已有发展产业或产品为基础，按照国家和地方相关产业政策扶持项目申报指南与要求，规划设计产业或产品发展重点项目建设工程规模、内容与投资，并充分尊重村民意愿，为规划有效实施提供条件保障。

8.2 农业业态体系规划

农业在乡村地区的国民经济中占据重要的地位，是乡村立村之本，是强村富民的基础产业，也是保障国家粮食安全的基本载体，广义的农业包括种植、林业、畜牧业、渔业、副业五种产业形式。21 世纪是农业发展的重要阶段，生命科学和其他最新科学技术相结合，将使世界农业发生根本性的变化。随着分子生物学的发展，生物基因库的建成，遗传工程的崛起，克隆技术和生物固氮技术的广泛应用，农业的面貌将为之一新。生态文明时代背景下的农业发展，必须结合全球发展的趋势和特征，运用新技术、新方法，推动农业规模化、专业化、国际化。

8.2.1 种植业规划

种植业包括生产粮食作物、经济作物、饲料作物和绿肥等农作物的生产活动，在整个农业中占有特殊重要的地位，一直是人类社会得以存在和发展的基础。自人类社会从采集和狩猎经济过渡到农业以后，各种营养物质无论来自植物性食品，还是来自动物性食品，其最初的来源都是种植业。种植业规划需要把握如下几个原则：

（1）坚持规划先行

村民传统种植缺乏有效的规划引领，种植产出较低，影响了村民种植的积极性。新时代背景下，发展种植业需要加强顶层设计，发挥规划引领，构建区域统筹、上下联动、共建共享的工作机制。同时，要强化项目支撑和政策扶持，调动地方政府和农民群众的积极性，种植业发展需要完善农产品价格政策，建立合理轮作补助政策，推进高标准农田建设，加快建设农业产业科技创新体系，推进农业机械化水平，完善金融保险政策，撬动金融和社会资本更多投向农业产业，加大生态保护力度，强化农产品市场调控一系列配套发展措施，建立完整的种植业发展规划体系。

（2）坚持底线思维原则

种植业规划要坚持底线思维，守住"谷物基本自给、口粮绝对安全"的国家战略底线，确保国家粮食安全。在种植品种选择了，立足于村庄的土地及气候条件，选择适合本村发展同时又能有效支撑国家粮食安全的粮食品种。

（3）坚持立足国情原则

种植业结构调整要立足中国国情和粮情，巩固提升粮食产能。立足国情一方面是立足于国家的资源禀赋，因地制宜，选择适合本地发展的农业特色业态；另一方面，要立足实施新形势下国家粮食安全战略和藏粮于地、藏粮于技战略，坚持市场导向、科技支撑、生态优先，转变发展方式，加快转型升级，巩固提升粮食产能，推进种植业结构调整，优化品种结构和布局，构建粮经饲统筹、农牧结合、种养加一体、一二三产业融合发展的格局，走产出高效、产品安全、资源节约、环境友好的农业现代化道路。

（4）坚持产业融合原则

坚持市场导向，推进产业融合。发挥市场配置资源决定性作用，引导农民安排好生产和种植结构。以关联产业升级转型为契机，推进农牧结合，发展农产品加工业，扩展农业多功能，实现一二三产业融合发展，提升农业效益。

（5）优化作物结构原则

种植业发展需要注重结构性调整。种植业结构调整的目标，主要是"两保、三稳、两协调"。构建起粮食、经济作物、饲料协调发展的三元结构，包括适应市场需求优化调整品种结构；构建作物、环境、技术高度协调的生产生态区域结构；遵循用地与养地结合的耕作制度。在品种结构调整方面，针对基本粮食，守住"谷物基本自给、口粮绝对安全"的底线，坚持有保有压，排出优先序，重点是保口粮、保谷物，口粮重点发展水稻和小麦生产，优化玉米结构，因地制宜发展食用大豆、薯类和杂粮杂豆。同时，为增加乡村经济发展活力，种植棉花、油料、糖料、蔬菜、饲草等经济作物，提高收益，推进农业种植业多元化，促进农村经济发展。

8.2.2 林业规划

林业是农业业态体系中重要一环，当前村庄林业发展还比较初级，多数是单纯的林业采伐、木材输出，附加值低，还容易破坏农村地区植被景观与生态环境，难以充分发挥林业最大价值。在林业规划中，重点做到如下几点：

（1）做好产业定位，发展富民产业

在村庄规划中，发展林业的核心是立足本村资源禀赋，做好业态定位选择，加快发展绿色富民产业。充分挖掘林业在低碳经济发展中的优势和潜力，加快发展林业节能环保、生物医药、新能源、新材料等战略性新兴产业，打造产业品牌，优化产业结构，培育龙头企业，大力发展林下经济，加快森林旅游示范区和"森林人家"建设，推动农村经济社会发展和产业结构调整，强化核心技术支撑作用，提升林业产业竞争力，促进农民增收致富。

（2）壮大产业集群，推进产业融合

提升林产加工业，强化木竹加工、林产化工、制浆造纸和林业装备制造业转型升级，全面构建技术先进、生产清洁、循环节约的新业态，提高资源综合利用水平和产品质量安全。大力扶持战略性新兴产业发展，培育木结构绿色建筑产业、林业生物产业、生物质能源和新材料产业，加强林业生物产业高效转化和综合利用。做大做强森林等自然资源旅游业，大力推进森林体验和康养，发展集旅游、医疗、康养、教育、文化、扶贫于一体的林业综合服务业。结合"互联网+"林业发展模式，实现乡村林业规划高效现代化发展。

（3）加强与生态结合，建设美丽乡村

在推进新农村生态建设过程中，结合道路林荫化、庭院花果化、公共休憩绿地、民俗风水林等美丽乡村绿化工程，在房前屋后见缝插绿，田间地头造林增绿，实现村庄绿化靓化，形成沿河风景林、房前屋后花果林、村中空地休憩林、村庄周围护村林的美丽乡村绿化格局，带动林业经济的发展。

（4）加强与扶贫结合，促进生态补偿

对于地处贫困地区的村庄，可以结合国家和地方林业重点生态工程，通过森林湿地管护和沙化土地封禁补助、退耕还林补助、营造林投资补助、生态补偿等林业补贴方式，让有劳动能力的贫困人口就地转为护林员、防火专业队员等生态保护人员，直接增加参与林业建设的贫困人口收入，实现生态补偿脱贫一批。鼓励引导贫困农民、林区贫困职工利用当地生态资源，大力发展特色经济林、森林旅游等绿色产业。加强技术推广和技能培训，丰富培训形式，提高贫困人口和林业职工有效就业和自主创业能力素质，拓宽林业特色产业扶贫的路径。

8.2.3 畜牧业规划

畜牧业发展需要依托当地天然牧场，结合区位条件，拥有畜牧业发展条件对于新时代村庄的发展是一个重大契机。国家十三五发展规划纲要提出了对包括扎实推进良种繁育体系建设性，大力发展标准化规模养殖，着力夯实饲草料生产基础，全面强化质量安全监管与疫病防控，加快促进新型业态健康发展等要求。同时提出要完善政策支撑体系，积极利用财政资金做好草食畜牧业良种繁育、基础母畜扩群、动物防疫及标准化规模养殖等工作，补贴对象向主产区、新型经营主体倾斜。加强科技支撑与服务，加强良种繁育、标准化规模养殖、重大动物疫病防控、人工草地建植、草地综合治理、优质饲草料种植与加工等核心技术创新，突破关键领域的技术瓶颈，研发一批智能控制等产加工设备，全面提升农村产业竞争力等保障措施。

畜牧业业态规划核心是提高畜牧业产能，加强环境污染治理，改善畜牧业农村环境，实施多元开发，突出发展规模化养殖。首先需查清牧草地的数量、质量、分布；棚圈、饮水、屠宰、加工、冷藏、运输等基础设施的种类、规模和适应程度；畜禽及其产品种类、品种、产量、商品率、产值、占农业总产值的比重等。其次，考虑如何充分利用农副产品，广开饲料来源和建立饲草料生产和加工基地，发展饲料工业；在经营方式上能否集中繁殖，分散饲养等。最后，进行所需饲料、投工量、畜产品产量、产值等方面的计算分析，指出畜牧业生产中存在的问题，提出未来发展战略。

8.2.4 渔业规划

针对部分沿海、沿江及河湖水网地区的村庄，渔业是村庄发展的一大经济支柱，关系着水乡村民的生活质量、村庄经济发展水平与规划方向。传统的渔业发展往往是粗放式、分散式渔业养殖。在生态文明时代的渔业发展将面临全新的发展背景和机遇，传统渔业迫切需要转型升级。

首要是推进一二三产业融合发展，推进水产加工业转型升级，积极发展水产品精深加工，加大低值水产品和加工副产物的高值化开发和综合利用，加快水产品品牌建设，发展新型营销业态。二是要转型升级水产养殖业，完善养殖水域滩涂规划，转变养殖发展方式，推进生态健康养殖，积极发展休闲渔业。加强渔业重要文化遗产开发保护，鼓励有条件的地区以传统渔文化为根基，以捕捞及生态养殖水域为景观，建设美丽渔村。三是要提升创新驱动能力，加快推进渔业科技创新，提升渔业标准化水平，吸纳相关渔业发展人才，在乡村进行渔业研究，利用现代技术，促进渔业结构性调整。在渔业生产、融资、销售产业链条上发挥科技创新作用，促进乡村规划朝着现代化、信息化方向发展。

8.2.5 乡土特色产业

因地制宜发展小宗类、多样性的特色种养，加强地方品种种植资源的保护和开发。建设现代化农业产业园和特色农产品优势区，建设特色农产品基地，支持农产品生产规模化、工厂化、消化粮食库存，发展农产品加工业等乡土产业。充分挖掘农村各类非物质文化遗产资源的文化价值、经济价值和政治价值，立足传统农村文化生态的高度，加强对传统手工艺的保护和创新，在传统的基础上发展新型产业，打造具有地方特色的文化产业。

8.3 农产品加工与物流业规划

农产品加工与物流业在国民经济中具有十分重要的地位，它起着承上启下的作用，可促进农业标准化和市场化，打通一二三产业，延长农业产业链，转变农业增长方式，实现农业资源的优化配置，用现代工业化生产模式改变传统农业，构建现代农业产业化体系。因此，农产品加工业规划，是乡村经济发展的重要基石。

8.3.1 农产品加工与物流业的发展趋势

继蒸汽革命、电力革命和信息技术革命之后，人类正在经历以人工智能、大数据、量子信息技术、生命科学技术、清洁能源以及生物技术为技术突破口的第四次科技革命。在这一轮新科学技术革命中，产生了一批新的技术如生物工程技术、新能源技术和海洋技术等。这些科学技术成果正与中国的各种传统农业进行结合应用，为农业尤其是农业加工制造业的发展带来新的机遇，在农业环境、能源和生态等领域，均呈现出光明的前景。中国农业加工业呈现出从传统粗加工向精深加工的转变、从分散化的家庭联产承包到家庭农场及规模化经营的转变、从随众生产加工到私人定制加工的转变、从业态孤立发展到三产融合发展的转变。在村庄规划过程中，要充分把握这些行业转变的趋势，顺势而为，推动村庄产业的快速度健康发展。统筹农产品生产地、集散地、销售地批发市场建设，加强农产品保鲜冷链物流设施工程建设，统筹规划农产品冷链物流体系。

（1）从传统粗加工向精深加工的转变

中国农产品的深加工业无论是技术还是装备均普遍落后于发达国家，传统的农产品加工多是简单的粗加工，产品附加值低，农业现代化程度低，因此，推进农业供给侧结构性改革势在必行。随着中国农产品加工技术和设备的改进，以及国家和各级政府对农产品深加工越来越重视并逐渐加大在此领域的投入，加上供给侧改革背景下消费升级的需求，中国农产品加工正逐渐向精深化发展。农产品从"粗加工"到"深加工"，从"做产品"到"做品牌"，形成农业种植、收购、加工、销售产业链一条龙，促进村庄产业结构调整，推动村庄产业快速升级，提高本区域农产品加工业的综合竞争力。

（2）从分散化经营到规模化经营的转变

中国从20世纪80年代开始的家庭联产承包责任制在当时的时代背景下，极大地解放了中国的农业生产力，一举解决了全中国人民的吃饭问题。但是随着城镇化浪潮的到来，以家庭联产承包责任制为制度基础的家庭分散化经营对乡村地区的农业现代化形成了产权制度上的约束。为了提升农产品的附加值和竞争力，进一步解放农业生产力，国家出台了一系列的改革政策，推动农村土地的所有权、承包权和经营权的"三权分离"，鼓励社会资本参与农业土地的经营权流转，推动农业种植与农产品加工的规模化经营。到目前为止，我国土地通过转包、转让、合作、互换、出租、入股等多种形态的流转方式，流转面积已经达到了4.71亿亩，占家庭联产承包的耕地比例三成以上。这是当前村庄规划过程中对村庄产业谋划需要充分认识到的一个趋势，通过把握这一产业发展趋势，推动村民、村自治组织与相关社会团队通过各种形式加强合作，促进村庄产业发展的现代化水平。

（3）从随众生产加工到私人订制加工的转变

由于缺乏足够的市场营销能力和渠道，农民传统的生产加工方式都是先随波逐流做产品，再拿着产品找市场。近年来，随着城市居民对食品安全的担忧和对绿色生态农产品需求的增加，私人订制农产品已成了一大趋势。未来农产品加工将向个性化订制方向发展，订制化加工农产品，一方面，产品的安全可以得到保证，满足消费者的追求健康的生活理念；另一方面，订制化加工农产品，可满足一部分消费者的特殊需求，进行个性化加工，凸显创意农业的理念。

（4）从业态孤立发展到三产融合发展的转变

中国传统农业各个业态之间彼此基本是独立发展，种植业与加工业分离，农业服务业基础薄弱，导致了农业始终在国民经济中地位不高。为了解决农业产业附加值过低的问题，延伸农业产业链和价值链，在国家层面相继出台多项顶层设计，如农业示范园、农业产业园、田园综合体、农业特色小镇等。促进农业三产融合，这已成为现代农业发展的一大趋势，也是中国农产品加工业持续高速发展的突破口。

8.3.2 农产品加工业的关键领域

农产品加工业是以农业物料、人工种养或野生动植物资源为原料进行工业生产活动的总和。从当前我国农产品加工的品种类别来看，国内产品种类较少，品种单调。我国在统计上与农产品加工业有关的是食品加工业、食品制造业、饮料制造业、烟草加工业、纺织业、服装及其他纤维制品制造业、皮革毛皮羽绒及其制品业、木材加工及竹藤棕草制品业、家具制造业、造纸及纸制品业、印刷业记录媒介的复制和橡胶制品业共 12 个行业。未来，随着农业现代科学技术的不断发展与成熟，农产品加工将出现大量新兴、高附加值的新领域和新业态。

（1）农产品产地初加工

以粮食、果蔬、茶叶等特色农产品的干燥、储藏保鲜等初加工设施建设为重点，扩大农产品产地初加工扶持政策和技术支持，全面提升农产品精深加工整体水平，支持粮食主产区发展粮食特别是玉米深加工，去库存、促消费。

支持农产品加工和流通企业发展初加工"一条龙"服务，提高农产品商品化程度。在有条件的地区鼓励推广节能高效的太阳能干燥、热泵干燥技术，建设区域性智能化大型烘干中心，烘干中心选址遵循距农产品生产地近、距交易中心近、距交通主干道近、距电源近的原则，建成集成农产品储藏、烘干、清洗、分等分级、包装等初加工设施，建设粮油烘储中心、果菜茶加工中心的初加工整体服务能力。

（2）主食加工产业集群

如营养、安全、美味、健康、方便、实惠的传统面米、马铃薯及薯类、杂粮、预制菜肴等多元化主食产品的研发和加工制造，功能性及特殊人群膳食相关产品的研发和加工等。

（3）农产品及加工副产物综合利用

农产品及加工副产物综合利用是农业加工业的重要发挥领域，如秸秆、稻壳、米糠、麦麸、饼粕、果蔬皮渣、畜禽骨血、水产品皮骨内脏等副产物梯次加工和全值高值利用、副产物综合利用，资源化、减量化、可循环发展方向，副产物循环利用和加工，副产物收集、处理和运输等。

8.3.3 农产品加工业的规划要点

农产品加工业规划需要创新机制，推动一二三产业交叉融合发展，激发产业融合发展内生动力。培育多元化产业融合主体，强化家庭农场、农民合作社的基础作用，促进农民合作社规范发展，引导大中专毕业生、新型职业农民、务工经商返乡人员以及各类农业服务主体兴办家庭农场、农民合作社，发展农业生产、农产品加工、流通、销售，开展休闲农业和乡村旅游等经营活动。

发展多类型产业融合方式，延伸农业产业链，积极鼓励家庭农场、农民合作社等主体向生产性服务业、农产品加工流通和休闲农业延伸；积极支持企业前延后伸建设标准化原料生产基地、发展精深加工、物流配送和市场营销体系，探索推广"龙头企业＋合作社＋基地＋农户"的组织模式。

通过规划引领，引导产业集聚发展，创建现代农业示范区、农业产业化示范基地和农产品加工产业园区，培育产业集群，完善配套服务体系。积极打造产业融合先导区，推动产业融合、产村融合、产城融合，加快先导区内主体间的资产融合、技术融合、利益融合，整合各类资金，引导集中连片发展，推动加工专用原料基地、加工园区、仓储物流基地、休闲农业园区有机衔接。大力发展农村电子商务，推广"互联网＋"发展模式，支持各类产业融合主体借力互联网积极打造农产品、加工产品、农业休闲旅游商品及服务的网上营销平台。

8.4 农业服务业规划

农业服务业包括农业生产性服务业和农村生活性服务业，农业服务业指为农业生产的全过程提供服务的行业，包括为广大农民提供粮食良种服务、化肥和农药等农业生产物资服务、高效种养技术等现代信息服务、新型农民培训、农产品流通平台和交通运输及农产品保险服务等新型农技服务体系。农业生产性服务业指贯穿农业生产作业链条，直接完成或协助完成农业产前、产中、产后各环节作业的社会化服务，目标是带动更多农户进入现代农业发展轨道，全面推进现代农业建设，把握市场导向，推动农业资源要素最优配置；聚焦农户的迫切需要，发展相适应的生产性服务业，服务农业农民；因地制宜，结合不同产业和主体类型创新融合发展；增强农产品质量效益和市场竞争力，将质量保障贯穿农业生产性服务的全过程等。农村生活性服务业指直接向人们提供物质和精神生活消费产品及服务的行业，包括农村传统小商业、小门店、小集市上的批发零售、养老托幼、环境卫生等，以满足人们日益增长的生活需求，提升人们的获得感、幸福感、安全感。做好农业服务业的规划，精准把握和推动农业现代化发展，是打赢 2020 年脱贫攻坚战，确保农村同步全面建成小康社会的重要切入点。

8.4.1 农业服务业的发展趋势

以服务农业农民为根本，坚持以市场为导向、服务农业农民、创新发展方式、注重服务质量，大力发展服务结构合理、专业水平较高、服务能力较强、服务行为规范、覆盖全产业链的农业服务业，是中国当前推进农业供给侧结构性改革，带动更多农户进入现代农业发展轨道，全面推进现代农业建设的重要抓手。在生态文明的时代背景下，中国农业服务业发展呈现出如下几个趋势：

一是专业化、市场化趋势显著。农业服务业细分越来越多，从技术服务到信息服务，从市场服务到休闲服务，需要越来越多专业领域的企业、资本和技术人才参与到农业服务业的发展中来。

二是现代农业发展越来越呈现出高投入、高产出的特性。随着人们生活水平的提高，人们对有机农业、智慧农业等新兴农业业态的需求越来越普遍，而这些新兴业态的发展需要从研发到生产加工和营销，都不是传统农业的投入产出模式，呈现出显著的高投入和高产出的特征。

三是创意农业成为普遍业态。农业与创意的结合，是推进农业 + 旅游，农业 + 文化等重要业态支撑。发展创意农业，需要通过教育培训服务培养一大批高素质的农业从业人员以及大力扶持私营农业合作组织，推动创意农业的健康发展。以创意农业为支撑，农业嘉年华、休闲农业特色村镇、田园综合体等农业休闲载体是未来发展的显著趋势。

8.4.2 农业服务业的关键领域

根据农业服务业的发展特点及当前中国农业发展的阶段和技术水平，农业服务业的关键领域将集中在如下几个方面：

（1）农业市场信息服务

在信息化和全球化背景中的农业，需要能够及时反映市场信息、行业信息和技术信息的及时服务。在村庄规划过程中要在发展现代农业等方面，为支持农业服务组织和新型经营主体的发展，在政策和市场需求上争资争项、在人居环境改善和满足生活需求上规划建设各项服务设施，加强精细管理，提高服务的精准性、有效性。

（2）农资供应服务

规划需要支持农业物联网体系的构建。培育多元服务主体，加强服务组织与育繁推一体化种业企业的合作；完善农资供应链平台，在良种研发、集中育秧（苗）、标准化供种、用种技术指导、农产品展示示范等环节为农民提供育种技术支持、苗种的保存、运输及发展兽药、农药和肥料连锁经营、区域性集中配送等供应模式的全程服务。

（3）农业绿色生产技术服务

规划要鼓励服务组织推广绿色高效的技术服务。在选用农产品品种、耕地保护、水资源集约节约、消减药物污染、畜禽水产养殖防疫等方面，鼓励相关服务组织、企业、科研院所等各类主体，积极提供专业化技术服务。

（4）农业废弃物资源化利用服务

规划需鼓励发挥政府采购政策的服务方式推进农村循环经济发展。支持专业服务企业、机构收集处理病死畜禽，推广秸秆青（黄）贮、秸秆膨化、裹包微贮、压块（颗粒）等饲料化技术，通过政府采购服务，促进政府与社会资本合作，培育一批秸秆收储运社会化服务企业、机构，发展一批生物质供热供气、颗粒燃料、食用菌等可市场化运行的经营主体，促进秸秆资源循环利用。

（5）农机作业及维修服务

规划要推进农业机械化服务，提高农业生产效率。从粮棉油糖作物向特色作物、养殖业生产配套等服务领域拓展，从耕种收为主向专业化植保、秸秆处理、产地烘干等农业生产全服务环节延伸，形成总量适宜、布局合理、经济便捷、专业高效的农机服务新局面。在适宜地区支持农机服务主体以及农村集体经济组织等建设集中育秧、集中烘干、农机具存放等设施。在粮棉油糖作物主产区，依托农机服务主体探索建设一批"全程机械化＋综合农事"服务中心，为农户提供"一站式"田间服务。

（6）农产品营销服务

规划还要鼓励建立农产品营销公共平台。对批发市场进行升级改造，在批发市场即可完成农产品预选分级、加工包装、仓储物流、电子结算、检验检测等；拓宽农产品流通渠道，推进农超对接、农社对接，鼓励开展农业展会等多种形式产销方式；积极发展农产品电子商务，鼓励网上购销对接等多种交易方式，形成线上线下有机结合，促进农产品进城流通与农资和消费品下乡双向流通格局。

8.4.3 农业服务业的规划要点

农业服务业发展规划需要以坚持市场导向、服务农业农民、创新发展方式、注重服务质量为基本原则。规划发展农业服务业，要着眼满足普通农户和新型经营主体的生产经营需要，立足服务农业生产在产前、产中、产后各环节作业的社会化服务，鼓励推广公益性和经营性农技融合发展机制。具体而言，农业服务业村庄规划过程中，需要强调如下几点：

（1）积极扩大农业服务业范围

涵盖农业市场服务方式、服务组织、服务内容等方面。需创新服务的方式和手段，发展农村超市、庄稼医院、鼓励各专业组织与合作社合作等服务模式；服务组织的组织化程度要提高，推动家庭经营向先进科技生产手段的方向转变，积极发展各种社会化服务组织、发挥龙头企业带动作用、鼓励政府企业开展助农活动，为农民提供便捷高效、质优价廉的各种专业服务；服务内容包括农业信息服务、农资供应服务、农业绿色生产技术服务、农业废弃物资源化利用服务、农机作业及维修服务、农产品初加工服务以及农产品营销服务等。

（2）加大对农业服务业基础设施的投入

农业服务业规划需进一步增加农业服务基础设施投入力度，加大农业服务硬投入、软投入，包含固定资产投入、基础设施投入、人力资源投入、科技产出投入、科技成果推广投入、物流投入、金融投入等，促进农业产业全面转型。提升农业科技研发水平，重视农业科技研发工作，健全农业科技人员激励机制，出台农业科技研发鼓励政策，完善信息共享平台建设。发展冷链物流、农产品电商等新型农业物流模式。随着农业产业结构的不断转型升级，农业发展模式也不断更新，农产品电商平台近年来异军突起，竞争激烈，各省市应该鼓励发展多种模式的农业物流，畅通农产品、农业产品流通渠道，打通最后一公里，发展冷链物流，促进农产品消费升级[①]。

（3）创新农业服务业发展方式

大力推广农业生产托管。农业生产托管在不流转土地经营权，只提供生产环节服务的前提下，将农业生产中的"耕、种、防、收、加"等部分作业或全部环节委托农业经营服务组织完成或协助完成的经营方式，有利于解决农业劳动力老龄化、兼业化问题，有利于促进服务带动型规模经营发展。发挥科技人才支撑作用，建立高等院校、科研院所等事业单位专业技术人员到乡村和企业挂职、兼职和离岗创新创业制度，并加强对市场化农技推广主体的指导和服务，推动从农业技术服务向农业公共服务拓展，强化公益性职能的履行，加强农业农村公共服务平台的建设，引导农业服务业规模化、规范化发展。

（4）加大政策落实力度

落实农业生产性服务业相关优惠政策，通过财政扶持、信贷支持、税费减免等措施，大力支持各类服务组织发展。进一步加大高标准农田等基础设施建设投入力度，鼓励各地加强集中育秧、粮食烘干、农机作业、预冷贮藏等配套服务设施建设，扩大对农业物联网、大数据等信息化设施建设的投资。鼓励各地通过政府购买服务、以奖代补、先服务后补助等方式，支持服务组织承担农业生产性服务。充分发挥全国农业信贷担保体系的作用，着力解决农资、农机、农技等社会化服务融资难、融资贵的问题。积极推动厂房、生产大棚、渔船、大型农机具、农田水利设施产权抵押贷款和生产订单、农业保单融资。鼓励各地推广农房、农机具、设施农业、渔业、制种保险等业务，有条件的地方可以给予保费补贴。支持易灾地区建设饲草料储备设施，提高饲草料利用效率。落实农机服务税费优惠政策和有关设施农业用地政策，加快解决农机合作社的农机库棚、维修间、烘干间"用地难"问题。各地要从当地实际出发，制定出台配套扶持政策，加强督促检查，推动政策落实，真

---

① 李天娇.关于我国农业服务业发展问题研究［D］.中国社会科学院研究生院，2018。

正发挥政策引导和扶持作用。①加大财政投入，并优化农业服务业的税收优惠与资金补贴政策②。

8.5 乡村旅游规划

乡村旅游规划属于农业服务业的范畴，但是由于乡村旅游对乡村发展极其重要，本书将其单独成节给予阐述。

8.5.1 乡村旅游的内涵

乡村旅游区别于其他旅游关键因素是其乡土性，乡村的特色则是旅游活动市场竞争的关键因素，它包括散落于乡村环境中的古镇而不包括自然保护区、风景名胜区等区域。乡村旅游规划既是村庄规划中的专项规划，也是旅游规划中的专项规划，是村庄旅游发展的纲领和蓝图，乡村自然环境、农业资源、田园景观、乡村故事文化等因素是旅游项目规划设计的重点，同时遵循留住乡愁的原则，结合市场发展的需求，对旅游规划相关要素进行科学合理的安排，以达到充分实现乡村的社会价值、经济和环境效益③。

乡村旅游规划是旅游规划的一种类型，包括对自然村落、郊野风光和田园景观等环境因素进行资源的分析、对比，通过科学合理的规划设计，打造具有特色的乡村旅游发展方向。乡村旅游规划是为解决旅游产业在特定行政地域范围内自身产业各要素空间的最优化配置以及旅游产业与其他相关产业的协调发展等问题而被提出。乡村旅游规划，主要利用乡村地区的自然资源和文化特色，根据旅游业和市场发展规律，对各项旅游要素进行统筹部署和具体安排，精准定位乡村旅游发展的路径。

乡村旅游作为一种特别的旅游形式，规划应因地制宜，既要顺应历史，又要满足人们日益增长的物质和精神生活需求，保持持续吸引游客的魅力，通过旅游规划激活乡村的活力，不断提高当地居民的生活品质，并从中获得经济效益。首先，强调完善群众利益联结机制。一是变村民为股民。采取"村集体＋公司＋基地＋农户"的形式发展旅游，创新农村金融服务模

---

① 《农业部、国家发展改革委、财政部关于加快发展农业生产性服务业的指导意见》
② 李瑾，郭美荣.互联网环境下农业服务业的创新发展［J］.华南农业大学学报（社会科学版），2018，17（02）：11-21.
③ 杨炯蠡，殷红梅编著.《乡村旅游规划开发与规划实践》，2007.5.

式解决农业贷款难问题，采取"双基联动合作贷款"，即由基层银行机构与基层党组织共同完成对农户的信用评级、贷款发放及贷款管理。二是变上山为上班。丰富乡村旅游业态，开辟住宿服务、民俗表演、生态种养、农耕文化等工作岗位，聘用当地村民和返乡大学生就业。三是变民房为客房。支持景区及周边村建设旅游专业村，鼓励村民利用特色民居创办民宿、农家乐，提高农民资产性经营收入。其次，提高产业融合发展层次。一是拓宽农村产业融合发展渠道，从农业生产单环节向全产业链拓展，从农业内部向农业外部拓展，打造集"可游、可养、可居、可业"于一体的乡村景观综合体和田园实践馆；二是将休闲农业示范点、美丽休闲乡村纳入旅游营销线路，与景区共同宣传推介，逐渐形成与 A 级景区一样的市场品牌；三是探索"互联网＋特色农业＋旅游业"融合发展的农村电商路子，畅通山货出山、网货下乡双向通道。

在理解村庄旅游规划的含义时，还应注重以下几方面的思考：首先，乡村旅游规划不仅是一项技术过程，也是一个决策过程；它不仅是一种科学规划，还是一种实施可行的规划，二者同时兼顾，才能做出高水准的村庄旅游规划。其次，村庄旅游规划是一种政府行为，也是一种社会行为，更是一种经济行为。不仅要求政府参与，而且规划工作还要要求未来经营管理人员的参与，并与当地村民、投资方相结合，科学合理、切合实际的部署和安排。第三，乡村旅游规划不是静态蓝图式的描述，而是一个过程，是一个不断反馈、调整的动态过程，规划文本仅是这一过程的初始阶段，即目标的制定和提出指导性意见。面对未来重重的不确定性，乡村旅游规划必须采取弹性的思想和方法。最后，乡村旅游规划除了需要依据旅游规划的一般性原则之外，还需强调记住乡愁原则、强化特色、多元主体、保护生态环境。

8.5.2 乡村旅游规划的技术路线

乡村旅游规划作为旅游规划的一种细分类型，必须遵循旅游规划的一般原则与技术路线。规划技术路线是规划过程中所要遵循的一定逻辑关系，其中包含了规划的主要内容和制定规划的基本步骤。目前，国内外还没有专门针对乡村旅游规划的技术路线。根据旅游规划的一般性要求，结合乡村旅游规划的实际需要，乡村旅游规划的过程一般分为五个阶段：

第一阶段：前期准备和启动。主要内容包括：（1）规划范围；（2）规划期限；（3）规划指导思想；（4）确定规划的参与者，组织规划工作组；（5）设计公众参与的工作框架；（6）建立规划过程的协调保障机制等。

第二阶段：调查分析。主要内容包括：（1）乡村旅游地基本情况、场地分析等；（2）乡村旅游资源普查与资源综合评价；（3）客源市场分析与规模预测；（4）乡村旅游发展竞合分析、SWOT 分析等。

第三阶段：战略方向研判。通过分析乡村旅游发展的背景、现状、文脉、地脉及客观形象，横纵向分析，诊断其发展中存在的问题，确定乡村旅游发展的总体思路，包括乡村旅游形象策划、发展方向与布局、开发策划等，确定规划目标。

第四阶段：制定规划。制定规划构建乡村旅游规划内容体系的核心，依据发展乡村旅游的总体思路，提出乡村旅游发展的具体措施，包括乡村旅游产品策划与开发、土地利用规划与环境容量、支持保障体系等。

第五阶段：组织实施与综合评价。依据乡村旅游规划的具体内容，做好乡村旅游规划管理；根据经济、社会、环境效益情况进行综合评价，并及时做好信息反馈，以便对规划内容进行适时的补充、调整和提升。

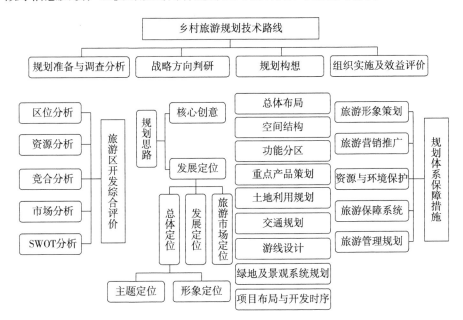

图 8-1 乡村旅游规划技术路线

8.5.3 乡村旅游规划的内容

乡村旅游规划的内容涉及多方面，主要包括以下几点内容：旅游资源与环境调查、分析与评价；确定旅游规划的定位，在内容上进行定性、定量分析，在时间上进行定序测量，包括近中远期目标，规划者应根据乡村旅游地的实际情况，合理确定本地区的发展目标；确定旅游规模与支撑体系，进行旅游容量与游人规模预测，道路交通及游线组织规划，基础设施规划；旅游客源市场分析，分析潜在客源市场和相关因素，客源市场分析一般应重点考虑过境旅游及度假旅游者对设施和服务的需求，现代化村庄旅游是市场经济的产物，需求和供给是村庄旅游发展的基本动力；规划实施保障措施，主要包括定项目建设时序、投资收入分析、运营与管理等三个部分。

以具体乡村为例，某乡位于少数民族聚居地，致力于发展民族特色发展示范规划。因此，针对旅游特色，该乡村首先制定了旅游总体定位。随后，进行旅游市场分析，确定旅游受众。同时进行旅游产品体系规划，开发以生态保护优先，发展项目应生态化，建筑应就地取材，土地应统一规划、集中建设、集约利用。开发应注重产业联动。以旅游开发带动区域内农业、林业、畜牧业、服务业的发展，打造旅游特色。进行重点旅游产品开发，发挥特色民族文化与地理风貌等优势。最后进行旅游线路规划与旅游设施规划。根据游客时间与兴趣点定制特色几日游，提供健全且完善的住宿、餐饮服务，设置安全警示牌在危险地段警示游客，以防事故，主要在景区较为浓密的山林且地势陡峭地段以及河流旁，设置道路标识图，以提醒游客步行道路，提供景点信息，一般设置在主要的步行道路上。

8.6 乡村经济经营模式规划

自改革开放以来，以家庭联产承包为基本制度，结合市场化的外部协助，人民摸索出乡村经济经营的多种模式，推动着中国乡村经济的不断前进。从不同的角度出发，这些模式具有不同的特征，从生产经营的业态协同和效益层面概括，大致可以有循环经济发展、规模化种植以及三产融合发展等模式。

8.6.1 循环经济发展模式

循环农业是由种植业、林业、渔业、畜牧业及其延伸的农产品生产加工业、农产品贸易与服务业、农产品消费领域之间通过废弃物交换、循环利用、要素耦合和产业连接等方式形成的相互依存、协同作用的农业产业化网络体系[①]。循环农业就是一种通过整体协调、循环再生，提高农业资源利用效率、减少废弃物产生的生态农业生产方式[②]。基于产业耦合的再循环模式类，是指将农、林、牧、副、渔中两个或多个产业进行有机组合，进而组建耦合的循环农业生产系统。此类发展模式又可根据不同的空间尺度划分，概括为：①以生态农业模式的整合为基础的局部循环模式；②以循环农业园区为方向的循环模式；③区域层面的循环农业模式。

发展农业循环经济，首先要因地制宜，结合区域特色创新发展模式。其次要结合不同类型产品的特性，把握其技术关键点，要按照"多层级、多产品、新技术、高价值"的原则实现废弃物的再利用，达到多级利用和废物资源化，形成产业化的核心目标，以"减量化、再利用、资源化"为原则的，打通全产业链。从深度和广度方面挖掘农业废弃物生产高价值的产品，并需加强技术研发和产业化推广，充分实现循环农业的生态价值和经济效益。加大宣传力度，形成发展农业循环经济氛围、引进高素质人才。强化农业循环经济发展的技术支撑、进一步探索农业循环经济模式、加大政府对农业经营户的扶持力度，完善激励政策。一是要鼓励节地、节约资源与能源；鼓励开发有机食品和绿色食品、生态农业等的发展，限制传统的高化肥、高农药、高水耗、高能耗产业的发展。可以通过价格差，对超标的化肥、农药征收税收，对使用有机化肥、农药、新型地膜的给予补贴政策。二是鼓励农户发展农业循环经济，对发展循环经济模式的经营户给予低息、贴息贷款、补贴政策，对其生产过程中所使用的水电资源、生产出的农产品及销售给与减免税收，让利补贴。通过一系列激励政策，使发展农业循环经济的经营户们有利可图，刺激发展农业循环经济的积极性，按照污染者付费、利用者补偿、开发者保护、破坏者维修的原则，有效推进农业可持续发展。三是要发挥经济手段，继续增加财政对农业和

---

① 吴耕民. 果树修剪学［M］. 上海：上海科学技术出版社，1979.

② 王康哲，阳涛，陈祎，何春光，盛连喜. 循环农业发展模式、评价及对策［J］. 湖北农业科学，2018，57（21）：9-15.

农村发展的投入，设立循环农业扶贫资金或专项资金，用于技术培训、经验交流和试验示范地的补助。四是吸引工商资本和私人资本投资发展循环农业。五是加快农业金融制度创新，拓展融资渠道。如鼓励金融机构对发展前景好，技术含量高的循环农业科技项目提供专项贷款等 ①。

农村循环经济主要运用科学技术及相关农业扶持政策，高效、合理利用资源，推动建立农村农业健全保障机制，不断优化农村产业空间结构，解决好涉及农业生产、农民生活以及农村工业等方面的环境污染、资源利用等问题，讲究合理利用各种农业资源，实现低投入、低消耗、高产出、可持续发展。为实现农村社会经济发展的可持续性和可循环性，既要保持一定的经济效益，还需要在农业生产生活过程中实施无污染管理，合理利用在农业生产生活中产生的废弃物，使废弃物在不同产业间自然流动。比如，一边种植水稻，一边在稻田里饲养青蛙，稻田优良的水资源为青蛙的繁殖提供舒适的生长环境，而青蛙在生长过程中食用了大量害虫，自身的新陈代谢又为水稻增添肥料。将动物和植物按一定方式重新配置生产结构，形成二者优势互补、互惠共赢的生长局面，实现"资源—产品—再生资源"的良性循环。

8.6.2 规模化生产模式

按照土地获得方式的不同，国内规模化种植经营模式主要有两种：一是传统的土地流转经营，即通过租赁、转让等多种方式获得经营权，经营权及经营收益由普通农户转移至规模化种植业主；二是新兴的生产托管经营，即规模化种植业主或服务组织向普通农户提供菜单式服务，代为完成农业生产中的耕、种、防、收等全部或部分作业环节并获得相应收益。新兴的生产托管服务模式与传统土地流转方式相比，优势在于：1. 不需要流转土地经营权就可以实现土地的规模化经营，符合农村现实情况；2. 通过集中采购农业生产资料和采用先进农作技术，降低农业生产成本。

自农村产权制度改革后，农村经营承包权更加灵活，为规模化种植发展提供了契机。当前，中国乡村基本形成了园区带动型、主体带动型、土地托管型、经营托管、股份合作型等多种形式的适度规模经营，适度规模经营带动区域化、专业化、产业化经营格局的形成。

---

① 李芝延 . 延边地区农业循环经济发展研究［D］. 延边大学，2018.

表 8-1 中国现有主要的土地流转方式

	含义	特征	优点	缺点
转包	承包农户将土地流转给本集体组织内其他承包农户	土地承包权不发生变化，流转发生在统一集体组织内	利于村内部生产要素优化配置	流转范围局限
转让	承包农户经发包方同意将承包期内部分或全部土地承包经营权让渡给第三方	土地承包权发生变化	促进土地流转集中	农户获得一次性收益；流转受让方受局限
合作	集体经济组织内部土地承包经营权量化为股权	流转发生在统一集体组织内，股份合作经营	引入了股权制度，充分激发了土地的金融属性，有利于土地资源配置	流转范围局限
互换	承包方之间对属于同一集体经济组织的承包地交换承包经营权	土地承包权发生变化，流转发生在统一集体经济组织内	操作简单，利于生产	协调成本高
出租	承包农户将所承包的土地全部或部分租赁给本集体经济组织以外的组织或者个人	土地承包权不发生变化	促进农村劳动力转移，增加农民非农收入，并享有土地收益	契约稳定性较低；土地承包期限受限制
入股	承包农户将土地承包经营权量化为股权，入股从事农业合作生产	土地承包权不发生变化，股份合作经营	无须在一个集体组织内部进行入股，扩大了农户土地流转的实现方式	风险较大，需要有一定的经济基础和较完善的金融体系支撑

数据来源：根据公开资料整理

推进高效农业规模化种植是促进农民增收、实现农村小康目标的重要途径，是建设社会主义新农村的重要任务。同时土地规模化经营是解决未来农村"谁来种地"的根本途径。

当前种粮农民普遍面临着规模大、效益低的窘境，种植积极性受挫。如何化解低效益种粮支撑模式困境，是当前粮食增产增收面临的挑战。推动农业现代化发展需要的是新型职业化农民，提高土地单位面积产出水平和价值，在先进科技技术的指导下实现规模化经营，扎实推进农业现代化和新农村建设。农业适度规模经营，即在保证土地单位面积产出水平有所提高的前提下，提高每个劳动力经营管理的农产品规模（如耕地面积），以实现劳动效益、技术效益和经济效益的最佳结合。

8.6.3 三产融合发展模式

农村三产融合发展是构建现代农业产业体系的重要举措，以对农村一二三产业或不同行业之间进行渗透融合、交叉重组为路径，以延伸产业链、提升价值链、完善利益链、拓展产业范围和产业功能转型为表征，以发展方式转变为结果，通过形成新技术、新业态、新商业模式，带动资源、要素、技术、市场需求在农村的整合集成和优化重组，优化调整农村产业空间布局，改革传统的农业经济模式，发展现代高效的新农业。

在 20 世纪 90 年代，日本东京大学农业专家今村奈良臣教授，针对日本农业发展面临的问题，提出了"第六产业"的概念。即通过鼓励多种经营，不仅种植农作物（第一产业），而且发展农产品加工（第二产业）与销售农作物及其加工产品（第三产业），以获得更多的增值价值。由于"1+2+3"等于6，"1×2×3"也等于6，因此称其为"第六产业"。也就是我们所说的三产融合发展模式。

农村地区三产融合尚处于探索阶段，各地需要因地制宜，结合自身特色，探索新型的农业发展模式，大致可以进一步分解为如下几种情况：

（1）1+2：即一二产融合

利用机械化、自动化、智能化工程技术、装备、设施等方式和手段提升农业经济效益。如生态农业、精准农业、智慧农业、植物工厂等，对于农机行业的大力扶持有利于加速一二产业融合，"绿领"农机手的兴起正是这一趋势的典型代表。

（2）1+3：即一三产融合

服务业向农业渗透，发展服务业的同时利用农业景观和生产活动，开发观光农业，利用互联网优势，提升农产品电商服务业；以农业和农村发展为主题，使用论坛、博览会、节庆活动等方式或平台展现农业。如阿里巴巴实施的"千县万村"计划（在三至五年内投资 100 亿元，建立 1000 个县级运营中心和 10 万个村级服务站）以及京东推广工业品进农村战略（Factory to Country）、农村金融战略（Finance to Country）和生鲜电商战略（Farm to Table），即农村电商"3F 战略"，均是一三产业融合发展的典型例子。

（3）2+3：即二三产融合：

二产向三产拓展的工业向商业和旅游业的转型升级，包括以工业生产过

程、工厂风貌、产品展示为主要参观内容的开发活动，或以三产的文化创意
活动带动的创意办公、商业展览等，充分利用农村各种要素资源，通过加工、
制作等创意手段，实现农村文化资源不断焕发生机与活力。

（4）1+2+3：即一二三产融合

农村三产联合开发旅游观光、乡村休闲、商贸购物、美食餐饮、文体活
动、民宿体验、教育体验等多种功能，形成"你中有我、我中有你"的三产
融合发展新格局。典型业态有农产品物流、智慧农业、智慧工厂、牧场观光、
酒庄观光等。其中，观光牧场融合了畜牧业、乳产品加工业和牧场观光业的
优势，使牧场改变单一的生产模式，是三产融合最具代表性的模式之一。

第 9 章 村庄建设空间规划

建设用地（land for construction），是指建造建筑物、构筑物的土地，是村庄居民住宅和公共设施用地、工矿用地、交通水利用地、旅游用地、军事用地等，需要付出一定的投资（土地开发建设费用）。村庄建设空间是村庄规划最为核心的工作内容之一，是在对村庄建设用地适宜性进行科学评估基础上，对村庄发展所需的各项建设项目进行合理的空间布局和设施配套的工作。具体工作内容包括村庄建设用地适宜性评价、用地的布局思路、功能分区及项目布局等内容。需要强调的是不同建设用地类型的需求及布局原则是有差异的，不同类型的村庄，在建设空间的安排上也有比较大的差异。

9.1 村庄建设用地适宜性评价

建设用地适宜性评价是村庄建设发展的一项基础工作。村庄建设用地的适宜性，是指对特定范围的土地作为某种土地利用类型的建设用地开发利用的适宜程度和强度，受土地资源的区位、地形地貌、土壤、社会经济、生态环境等属性影响。村庄土地适宜性评价的核心是构建适宜本村实际的用地指标体系[1]。

9.1.1 评价因素的选择及其指标分级

土地适宜性评价是一项技术性、综合性很强的工作，涉及多个学科，评价过程较为复杂。在生态文明建设的时代背景下，建设用地适宜性评价的目的在于促进土地资源空间配置的优化，保障土地资源可持续利用。从二者关系来看，可持续性是适宜性在时间上的延续。因此，在当前可持续性土地利用已被推向全球可持续发展这一战略高度的背景下，从可持续性土地利用出发探究建设用地适宜性的内涵，进而构建适合村一级规划空间的建设用地适宜性指标体系[2]。

---

[1] 史同广，郑国强，王智勇，等. 中国土地适宜性评价研究进展 [J]. 地理科学进展，2007，26（2）：106–115.

[2] 喻忠磊，庄立，孙丕苓，梁进社，张文新. 基于可持续性视角的建设用地适宜性评价及其应用 [J]. 地球信息科学学报，2016，18（10）：1360–1373.

在评价体系构建过程中，参评因子选择的科学和正确与否，直接关系到评价结果的准确度和评价工作量的大小，通常参评因子主要包括地形、地质、气候、土壤及社会经济条件等，因此，明确评价因素的选择和权重是土地适宜性评价的关键性步骤。常用方法有经验法、多元线性回归分析法、逐步回归分析法及主成分分析法。可用于参评因子选择的数学方法有通径分析法、灰度分析法、岭回归分析法、稳健回归分析法和主成分回归分析法等。

在进行土地适宜性评价过程中，有一些评价因子超过极限指标时，土地就会失去某种土地利用的价值或无法实现土地持续高效利用，主要包括海拔、坡度、有效土层厚度、质地、酸碱度、含盐量和土壤侵蚀强度等因子。

参评因子等级划分的方法通常有经验法和模糊聚类分析法。同一参评因素在不同地区、不同类型上会有所不同，目前在无统一标准的情况下，参评因子等级划分主要受评价目的和方法的制约，一般而言，参评因子的等级划分以 4~5 个为宜。

9.1.2 评价单元土地适宜性的确定

以土地类型适宜类为评价单元，并对土地适宜的等级做出评价，即土地适宜等、宜耕、宜园、宜林三个土地适宜类均分为三等，即一等地、二等地和三等地。

土地适宜性的评定方法采用加权指数和法，该法是根据不同的评价因子评定土地质量是否适宜作为某种用途开发利用以及开发利用的强度的不同，给定与该因子相对应的权重和评级指数，利用各评价单元的各个评价因子数据确定该单元各评价因子的评价指数，以加权指数和求而得到各评价单元的总分值，根据总分值来确定评价单元的土地适宜性等。

村域建设用地适宜性评价是村级土地利用规划的基础，其在新农村建设及统筹城乡发展中具有重要意义。在针对乡村具体规划过程中，选取具体村庄为规划对象，通过空间技术及数据分析，确定各指标的权重，根据得到的数据，将结果划分为不同的土地适宜性评级等级，包括适宜、较适宜、适宜、不适宜四种等级。利用评价结果，提高建设用地适宜性评价的科学性和工作效率，有利于优化建设用地空间布局。

9.1.3 村庄建设用地分类

在对不同建设项目进行选址布局之前，需要根据村庄的发展定位和上位规划的空间管制要求，对村庄建设用地进行科学分类，并根据不同用地类型的管制要求进行功能使用和管理。

村庄规划的用地分类应考虑村庄土地实际利用情况，按土地利用的主要性质进行划分。根据住建部发布的《村庄用地分类指南》，用地分类采用大类、中类和小类三级分类体系。共分为三大类、十个中类、十五个小类。大类采用英文字母表示，中类和小类采用英文字母和阿拉伯数字组合表示。在村庄规划的实际应用中，一般采用中类，也可根据各地区工作性质、工作内容及工作深度的不同要求，采用本分类的全部或部分类别。

表 9-1 村庄规划用地分类和代码

大类	中类	小类	类别名称	内容
V			村庄建设用地	村庄各类集体建设用地，包括村民住宅用地、村庄公共服务用地、村庄产业用地、村庄基础设施用地及村庄其他建设用地等
	V1		村民住宅用地	村民住宅及其附属用地
		V11	住宅用地	只用于居住的村民住宅用地
		V12	混合式住宅用地	兼具小卖部、小超市、农家乐等功能的村民住宅用地
	V2		村庄公共服务用地	用于提供基本公共服务的各类集体建设用地，包括公共服务设施用地、公共场地
		V21	村庄公共服务设施用地	包括公共管理、文体、教育、医疗卫生、社会福利、宗教、文物古迹等设施用地以及兽医站、农机站等农业生产服务设施用地
		V22	村庄公共场地	用于村民活动的公共开放空间用地，包括小广场、小绿地等
	V3		村庄产业用地	用于生产经营的各类集体建设用地，包括村庄商业服务业设施用地、村庄生产仓储用地
		V31	村庄商业服务业设施用地	包括小超市、小卖部、小饭馆等配套商业、集贸市场以及村集体用于旅游接待的设施用地等
		V32	村庄生产仓储用地	用于工业生产、物资中转、专业收购和存储的各类集体建设用地，包括手工业、食品加工、仓库、堆场等

类别代码			类别名称	内容
大类	中类	小类		
	V4		村庄基础设施用地	村庄道路、交通和公用设施等用地
		V41	村庄道路用地	村庄内的各类道路用地
		V42	村庄交通设施用地	包括村庄停车场、公交站点等交通设施用地
		V43	村庄公用设施用地	包括村庄给排水、供电、供气、供热和能源等工程设施用地；公厕、垃圾站、粪便和垃圾处理设施等用地；消防、防洪等防灾设施用地
	V9		村庄其他建设用地	未利用及其他需进一步研究的村庄集体建设用地
N			非村庄建设用地	除村庄集体用地之外的建设用地
	N1		对外交通设施用地	包括村庄对外联系道路、过境公路和铁路等交通设施用地
	N2		国有建设用地	包括公用设施用地、特殊用地、采矿用地以及边境口岸、风景名胜区和森林公园的管理和服务设施用地等
E			非建设用地	水域、农林用地及其他非建设用地
	E1		水域	河流、湖泊、水库、坑塘、沟渠、滩涂、冰川及永久积雪
		E11	自然水域	河流、湖泊、滩涂、冰川及永久积雪
		E12	水库	人工拦截汇集而成具有水利调蓄功能的水库正常蓄水位岸线所围成的水面
		E13	坑塘沟渠	人工开挖或天然形成的坑塘水面以及人工修建用于引、排、灌的渠道
	E2		农林用地	耕地、园地、林地、牧草地、设施农用地、田坎、农用道路等用地
		E21	设施农用地	直接用于经营性养殖的畜禽舍、工厂化作物栽培或水产养殖的生产设施用地及其相应附属设施用地，农村宅基地以外的晾晒场等农业设施用地
		E22	农用道路	田间道路（含机耕道）、林道等
		E23	其他农林用地	耕地、园地、林地、牧草地、田坎等土地
	E9		其他非建设用地	空闲地、盐碱地、沼泽地、沙地、裸地、不用于畜牧业的草地等用地

资料来源：住房城乡建设部，《村庄规划用地分类指南》

9.2 村庄建设用地的规划原则

村庄建设不同于城市开发，在建设用地的使用上，需要坚持城乡融合、因地制宜、集约发展、安全建设以及传承文化等特殊原则，确实确保通过村庄建设解决村庄的长远发展问题并且要"留得住乡愁"。

9.2.1 城乡融合原则

坚持从新型城镇化的视角看乡村的振兴发展，从城乡融合发展的战略高度看乡村建设，把乡村振兴与建设放在城市化的维度，跳出村庄看村庄，才能对村庄的发展有更加清晰的认识。以城乡融合发展增强农业经济活力，带动地方发展和促进农民持续增收是乡村振兴工作的基础和中心，以村庄规划建设推动农业空间结构调整，在符合当地资源环境条件的前提下，推动农业产业化经营，发展有利于促进本地农民就业的宜农产业。

9.2.2 因地制宜原则

在村庄建设用地规划过程中，要充分发挥村民的主体作用，尊重村民意愿，梳理分析村民意愿，在保证规划科学合理的前提下，为村民提供技术上的服务和帮助。聚焦补齐农村基础设施和公共服务设施的短板，以服务全覆盖为目标，区域统筹配置服务设施，充分利用现有设施，坚持分散和共享相结合的科学合理布局原则，推进农村基础设施和农村公共服务提质增效，积极推广新能源、新材料、新技术的应用，因地制宜地改善农村基础设施条件。立足农民所需，放远城乡融合发展机制和分步实施的原则，逐步改善村庄人居环境和保障农民持续增收。

9.2.3 集约发展原则

村庄规划必须严格按照上位国土空间规划对永久基本农田、生态林等生态保护区的管制，严格保护耕地，统筹村庄规划布局、优化整合村庄生产生活生态发展空间，规范新建住宅与配套设施的用地标准，优先利用弃置地，鼓励改造闲置地，实现村庄资源整体节约发展。以农宅节能为重点，以保温采暖为切入点，鼓励对先进技术的集成运用，改善住宅建筑设计，降低能耗，提高节能水平。推进区域、村庄、庭院、住宅多层次节水，雨水收集、器具节水、循环使用多途径，通过多视角、多途径、多场合，结合发展时序分阶段协调村庄节水体系的建设。对废弃物进行有效利用，节约原材料，立足生态环境保护和循环经济的发展。

9.2.4 安全建设原则

村庄规划需要重视村庄建设的选址安全。对位于河道内（河道防洪堤内）、地裂缝、污染源范围内的险村户，以政府为主导进行搬迁。做好地质勘察，并对受地质灾害等环境影响的村庄开展生态修复治理；提高村庄房屋结构安全及抗震能力，规范农村建房结构施工做法，普及有关结构安全施工知识；保障村庄公共服务安全，逐步完善农村市政供给系统，保障基础设施的安全运行；改善公共环境卫生，加强公共卫生知识的普及，减少疾病的发生和传播，保证农村用上符合饮水标准的自来水。

9.2.5 文化传承原则

村庄规划需要加强对历史文化村落的保护。以上位国土空间规划和历史文化名镇、名村保护规划为指引，划定历史文化村落和编制保护规划，在保持传统特色的前提下，重点提升市政基础设施和公共服务设施的质量。注重对村庄周边的自然景观和人文环境的整体保护，延续村庄与山水田园相互映衬的错落有致的景观格局，避免"不城不乡"，促进"山水田林人居"和谐共生。在严格实行生态环境保护制度的前提下，从村庄自身的区位及可借势的自然、交通等资源等考虑，利用好能反映地域特征的建筑材料，结合先进技术的运用，在实现继承并发扬当地传统特色及文化的基础上创新应用适宜建造技术，打造村庄风貌特色。坚持保存并维护好村庄中具有一定历史、科学和艺术价值的传统建（构）筑物，推进村庄建设有机更新，空间形态和建筑风格充分与环境相协调，切忌生搬硬套和"不中不西"，保持民族特色及创新活力。

9.3 不同建设用地的空间布局

不同村庄建设用地，在用地的需求与布局要求上存在一定的差异，在村庄规划过程中，需要从村庄的实际出发，在不对村庄造成生态环境破坏并保护村庄的文脉和空间机理的前提下，科学合理安排宅基地、经营性建设用地、公共服务设施用地、道路交通用地、市政基础设施用地以及公共空间用地布局和空间结构，实现用地集约高效发展。

9.3.1 宅基地安排

优化宅基地用地布局。遵循方便居民生活及出行、改善居住环境、体现地方特色的原则，根据不同的住户需求和住宅类型，综合考虑道路交通设施、公共服务设施、市政基础设施等需求优化用地空间布局。逐步引导宅基地布局逐步向规划的村庄选址自愿、适度、有序集中。合理确定宅基地用地规模，严格执行"一户一宅"政策，按照各省（区、市）宅基地管理办法确定的宅基地用地标准，确定规划期宅基地规模。规划新申请的宅基地，优先利用村内空闲地、闲置宅基地和未利用地，并严格控制在规定标准范围内，鼓励集中布局宅基地，并进一步细化宅基地开发强度、建筑高度，以及建筑风貌等内容。

9.3.2 经营性建设用地安排

优化经营性建设用地布局。引导工业生产用地向园区集中，确有搬迁困难的，可以保留但不得扩大用地范围。根据自然条件、历史沿革和发展需求，充分考虑宅基地、公共服务设施用地、景观与绿化用地比例关系，合理确定商服、工业、物流仓储等经营性建设用地规模。并制定经营性建设用地管制规则，结合村域实际和发展要求，明确商业服务业用地、工业用地、物流仓储用地等经营性建设用地的容积率标准和建筑设计等要求，制定经营性建设用地调整管制规则。

9.3.3 公共服务设施用地安排

按照推进城乡基本公共服务均等化目标，结合区位条件和规划定位，以人口数量为基础合理配置公共服务设施用地、市政基础设施用地、其他商业服务设施用地，具体包括村委会、卫生室、文化室、健身点、教育场所、公共活动空间等用地。可进一步规定公共服务设施用地标准、建筑面积、建筑风貌等。地方可根据具体情况调整，各地应按照节约集约用地的要求，确定公共服务设施用地规模。

表 9-2　公共服务设施配置指引

类别	项目	中心村	基层村
行政管理	村委会	●	●
教育机构	幼儿园、托儿所	●	○
	小学	○	○
文化科技	文化娱乐设施	●	○
	体育设施	●	●
	图书科技设施	●	○
	文物、纪念、宗教类设施	○	○
医疗保健	医疗保健设施	●	○
	疗养设施	○	○
社会保障	养老服务站	●	○

注：●—应建的设施；○—有条件可建的设施。中心村和基层村以户籍人口 1000 人为界限，地方可根据具体情况调整。各地应按照节约集约用地的要求，确定公共服务设施用地规模。

9.3.4 道路交通用地安排

对外交通规划。落实上位规划确定的交通设施安排，做好交通要道与土地利用规划的衔接。根据村庄发展需要制定与过境公路、高速公路的连接道路，以及与村庄集聚点之间连接的交通方案，明确各类交通道路的等级、线路走向和用地安排。村庄内部交通规划。根据交通现状和设施建设情况，提出对现有道路设施的修建和改造措施，对新建道路，应融入交通网络，并明确道路等级及用地红线，同时应同步规划公共交通线路和站点、停车场等配套附属交通设施。

表 9-3　道路交通建设表

类型	宽度	占地面积	位置
主干路 1			
主干路 2			
支路 1			
支路 2			

注：各地可结合实际情况调整。

9.3.5 基础设施用地安排

农业基础设施一般包括农田水利工程、商品粮棉生产基地、用材林和防护林、农产品流通基础设施、农业教育培训、农业科研、技术推广和农业气象服务等基础设施。强化农业基础设施建设，是推动农村经济规模化经营、促进农业农村现代化发展的途径。

改革开放 40 多年来，中国的农业基础设施建设取得了长足进步，农业生产条件得到不断改善。但是部分欠发达地区尤其是西部省份的村庄，农业基础设施仍然较为落后，制约了村庄的发展。村庄规划需要根据村庄生产生活的需要，明确小型农田水利、节水灌溉、病险水库除险加固、耕地保护和土壤改良、农业机械化以及村庄自来水、污水排放等设施的用地需求和布局要求，在满足村庄用地指标平衡的前提下，推进设施标准化、规范化。

9.3.6 公共空间用地安排

村庄公共空间包括宅基地、经营性建设用地、公共服务设施用地、道路交通用地、绿化用地等不同类型空间，针对具体的空间形态，将公共空间进行合理划分，并实施独特的规划安排。充分考虑村庄与自然的有机融合，合理确定绿地布局和规模。公共空间规划应体现地方特色，与周围环境相协调。建设空间安排还可根据本村发展特点，可细化建筑设计、绿化植物种类、公共活动空间、主要街巷等的绿化用地要求。

9.4 不同类型村庄建设策略

中国城乡国土空间广袤，村落类型复杂多样，发展水平参差不齐，农村地区地形地貌和水文条件差异显著。因此，在村庄建设过程中，要秉承因地制宜的原则，充分研究村庄的类型特征，研判村庄发展阶段，提出适合村庄发展的建设策略。如下根据村庄所处的地形地貌特征出发，将村庄分成平原地区的村庄、丘陵地区的村庄、山地村庄以及河湖水网地区的村庄提出差异化的建设策略。

9.4.1 平原村庄建设空间规划

平原地区地形平坦，村庄空间分布较为均匀，但是村庄分布呈现规模小、分布散的特征。这种布局不利于农业的集约化发展，农民的投入成本大，收益小，严重阻碍了这些区域农业现代化的进程，也限制了农村经济的发展。

平原地区由于没有明显的山川或者河流阻隔，近年来，一些经济发展条件较好村庄人口规模不断扩大，家庭规模趋于小型化，原有宅基地上的房屋数量不能满足村民的生活需求，村民为改善生活条件，不断在宅基地周边的耕地或者其他用地类型上自建住房，一户多宅现象普遍；同时，随着经济的发展，乡村道路建设不断增加，农民的建房选址爱好往往趋于道路两旁，占用道路两旁的大量耕地，从而导致村内闲置宅基地的增多和村庄外围耕地的减少，耕地资源占用和浪费现象突出。

对平原地区的村庄，应该依据平原优势特征，依据乡镇国土空间规划，划定集约化的乡村建设空间和农业空间。在确保村庄人口增长用地需求的前提下，严格控制村庄建设用地边界，强化耕地管控，推进村庄发展规模化经营，增强经济收益。

9.4.2 丘陵村庄建设空间规划

地处丘陵地区的村庄受其地形影响较大，在进行村庄规划时，不搞"一刀切"，要充分考虑地形之间的差异，分析其地形地貌等现状条件，尊重河湖水系等自然山水格局，科学编制村庄规划，系统研究适宜村庄开发的规划策略，合理规划用地布局，保护保留乡村风貌，打造各具特色的现代化美丽乡村。

为了适应地形的变化，通常可采用两种布局方式：一种是平行分布，另一种是垂直分布。平行分布，村庄依山纵向分布。垂直分布中村庄主干道路与山体走向一致，所建房屋可以考虑选择沿村庄主要道路向南北展开，村口与山体的绿化相结合形成天然"绿波"，并留出一片平坦空闲用地，来建造供人们休闲娱乐的公共设施，如修建广场，形成进村门户。

例如，某丘陵村庄由于地形条件和适建性土地资源的限制，一般应在村头靠近主要道路布置卫生所、村支部、学校、商店等公共服务和配套商业设施。尽快实现自来水集中供应，应该在村内地势较高地段建设水塔，采取重力自流的形式集中供水；排水仍采用自排为主，对待污水和垃圾，在重要污染源处建设化粪池、垃圾箱等收集污染的设施，就地处理或者转运到垃圾处理厂；启动通信网络建设，山地村庄多采用无线网络通信形式；加快其他市政设施针对性建设。该丘陵型村庄路网结构多样，有主要的对外交通干道。因地形地势条件的限制，其规划整治的重点不在于道路的拓宽，主要在于村庄内部道路的疏通：打通主要道路，联系对外道路形成闭合的机动车环路；实现宅旁道路硬化和绿化，改善路面和街道环境，形成完整、适用、安全、生态的道路系统；另外，还应考虑在村口位置布置满足村民停车需求的公共停车场①。

9.4.3 山地村庄建设空间规划

山地农村普遍村域面积广阔，但受自然地形的制约，可集中利用的建设用地相对匮乏，村民住宅用地较为零散分布，有的甚至每个村民小组都分布在不同的区域内，大多数村庄建设用地沿村域的主要交通要道两侧分布。因其山多地少的地域特征，公用服务设施建设相对落后，且使用率低，山地村庄受"点多线长"的客观条件影响，其道路交通，给排水，供电，教育，卫生，通信等各项服务设施的建设或改造成本较平原地区村庄成倍增长，致使农村各项社会事业的发展相对落后，个别单家独户的村民仍然无法正常用水用电，更不必谈有线和宽带的使用。山地农村经济发展起步较晚，村民对生产企业选址统一规划的认识和考虑不多，这不仅使村庄整体布局更为混乱，分布零散，浪费了有限的可建设土地，也增大了零散产业有效整合的难度，使产业成规模，集约化发展存在很多困难。

山地农村地形地貌复杂，相对平原地区而言，公用服务设施的建设投资高、难度大、周期长，面对现实的困难，规划制定应更加慎重，包括项目的选择、指标的测算、用地的选址布局等，要符合实际发展需要，以适应村庄可持续发展。面对山地村庄建设困境，山区农村产业的发展存在相应的优势和劣势，因此，在规划制定过程中，应先把握村庄发展大方向，继续发挥产业优势，凸显地区特色，确定从长远产业发展规模制定相应的发展目标，结合本村实际条件发展优势产业。山地产业具有平原村庄不具备的自然景观资源优势，发展除了耕种和养殖产业外，还可以借助自然的景色和山、水、林、田、湖、草等资源开发旅游项目等第三产业。此外，山体多存在宝贵的矿产或特有植物等资源，可有计划地开采，以此招揽相应工业的项目落户，发展

---

① 王林，徐科峰.山地丘陵型村庄规划设计方法探讨［J］.青岛理工学院，2016.

第二产业。与平原村庄相比，山村具有发展多元产业的相对优势。重视综合防灾的规划制定和实施工作山区地形地势连续性强，综合防灾工作应与相邻乡镇之间建立互动机制，在物资、医疗、场地、交通设施等方面互通有无，实行资源共享。可实行统一领导与分级负责相结合，加强应急救援与生活[①]。

9.4.4 河湖水网地区村庄建设空间规划

河湖水网地区由于水系的分割，土地比较分散，因此村庄用地布局一般具有村庄建设空间小集中、大分散、用地功能多元、道路交通密集的特点。

对于河湖水网地区的村庄建设空间规划，首先是要做好土地整备工作，通过土地整备，合理利用被水域划分开的可建设土地，充分利用每一块土地，促进土地资源的合理开发。

其次，水网村庄有良好的水资源，尤其是在北方缺水干旱地带，可以就近利用水资源进行灌溉，减少不必要的农业附加投资。此外，靠近水域的土壤湿润肥沃，能够为农作物生长提供更好的养料，有利于农作物提高产量与质量。同时，水网村庄拥有广阔的水域，可以依托水域发展渔业，最大化利用空间，扩大养殖业，为村庄增加收入，促进经济更好、更快发展。

---

① 彭晓烈，周阳雨，郝轶.关于山地村庄新农村建设与规划的思考——以大连庄河市光明山镇金线沟村为例［J］.沈阳建筑大学学报（社会科学版），2008（01）：1-4.

第10章　村庄农业空间规划

农业空间指以农业生产和农村居民生活为主体功能，承担农产品生产和农村生活功能的国土空间，农业空间有广义和狭义之分，广义的农业空间，是指在市县以上级别的国土空间规划中，将位于城镇建设边界以外，除去生态功能区的剩余区域，统称为乡村农业空间，是承载农产品生产、基本农田建设、土地整理复垦，保障农民生活的主要区域，包括永久基本农田、一般农田等农业生产空间以及农村生活空间。狭义的农业空间，仅指从事农业活动的生产空间。在生态文明的时代背景下，依据生态文明的发展准则，对农业空间进行划定，并根据村庄农业发展和村民生产生活的需要进行合理规划和布局，是村庄规划的核心任务之一。

10.1 农业空间划定

农业空间的划定一般是在乡镇国土空间规划层面的"三区三线"划定工作中给予落实。村庄规划对农业空间划定工作的任务主要是负责落实上位规划的划定规模、坐标和管理要求，依据乡镇国土空间规划，落实耕地和永久基本农田保护任务，制定耕地与永久基本农田保护方案。

因不同比例尺调查精度产生的数据差异，在村庄规划层面予以说明。对大比例尺调查发现的永久基本农田图斑内存在非农建设用地或者其他零星农用地，在村庄规划中优先整理、复垦为耕地，规划期内确实不能整理复垦的，可保留现状用途，但不得扩大面积。永久基本农田一经划定，任何单位和个人不得擅自占用或改变用途。

针对其他农业用地规划方案，应结合农业生产需求，合理确定用于农业生产的园地、林地、草地、水域等其他农业用地规模和布局，制定有关规划方案，明确管制规则。其他农业用地应遵循法定保护规则，并限制其他农业用地转为村庄建设用地。结合农业产业发展需求，建设相应的配套设施。同时，可根据本村的实际情况，进一步细化耕地和永久基本农田配套设施安排，细化农田水利工程。

制定设施农用地安排，按照设施农用地管理的有关要求，规划安排农业生产设施用地、附属设施用地以及配套设施用地，明确布局和规模。

在村庄规划过程中，还需要根据农业空间划定的结果，依据农用地"三权分离"原则，规范村庄承包地经营权流转安排，确定承包地经营权流转规模、布局和时序，制定权属调整、收益分配等方面的流转规则。

10.2 农业生产区规划

农业生产区（Agricultural production area）是农业生产与地域结合而形成的相对统一的空间，是农业生产在地域空间上的表现。从生态经济的角度看，农业生产区是一个农业生态经济系统，它是客观存在的农业分布的实体，是认识农业地域分异现象的基础，既是农业规划的出发点，又是村庄规划的核心。作为经济活动空间，其性质和特点是随着社会生产方式和生产条件的改变而不断发展变化。当社会生产力水平比较低下时，农业空间主要呈现自然经济形态如单纯的种植业空间；随着社会生产力水平的提高和商品生产的发展，农业生产区逐渐被劳动地域分工和具有不同程度专业化的农业生态经济区所取代。

村庄农业生产区规划是按农业空间分异规律，科学地安排村庄农业的种植品种、业态类型。要求在对村庄农业资源进行深入调查的基础上，根据村庄的不同自然条件与社会经济条件、农业资源和农业生产特点，按照区内相似性与区间差异性的原则，把村域内的农用地进行作物种类的规划，分析研究各片区的农业生产条件、特点、布局现状和存在的问题，指明各产业区的生产发展方向及其建设途径。农业生产区规划实现农业合理布局和制定农业发展规划的科学手段和依据，是科学地指导村庄农业生产，实现农业现代化的基础工作。

农业生产具有明显的地域性，地区差异较大，按区内相似性和区际差异性来划分不同农业作业区，目的是为因地制宜发挥地区优势、扬长避短、科学合理开发利用农业资源，集合地域和社会经济发展等因素为农业生产提供科学依据，不断形成农业带，发展为合理的农业地域分工。

根据农业生产区的生产类型和政策特征，可以划分为永久基本农田、一般农田、设施农业区、林牧区、渔业区、体验农场、田园综合体等，需要根据不同类型农业生产区的区位、自然因素、社会经济发展基础等条件制定具体的规划政策和措施。

10.2.1 永久基本农田

基本农田是指中国按照一定时期的人口和社会经济发展对农业和农产品的需求，根据国土空间总体规划确定的不得占用的耕地。保护基本农田，确保其不得被占用，加固中国农业粮食基础，农业经济基础。"永久基本农田"一经划定，任何单位和个人不得擅自占用或者擅自改变用途，不得多预留一定比例永久基本农田为建设占用留有空间，严禁通过擅自调整县乡土地利用总体规划规避占用永久基本农田的审批，严禁未经审批违法违规占用基本农田。永久基本农田的划定和管控，必须采取行政、法律、经济、技术等综合手段，加强管理，以实现永久基本农田的质量、数量、生态等全方面管护。

在村庄规划过程中，对永久基本农田的规划目标任务一是按照底线思维，落实农田保护。按照"依法依规、规范划定，统筹规划、协调推进，保护优先、优化布局，优进劣出、提升质量，特殊保护、管住管好"五项原则，将全国 15.46 亿亩基本农田保护任务落实到用途管制分区，落实到图斑地块，与农村土地承包经营权确权登记颁证工作相结合，实现上图入库、落地到户，确保划足、划优、划实，实现定量、定质、定位、定责保护，划准、管住、建好、守牢永久基本农田。二是坚持发展思维和创新思维，提升土地利用效率。根据农业生产区规划的原则，应用农业新技术，落实各块基本农田的使用方向。

10.2.2 一般农田

一般农田同样属于农业用地的保护范围，没有划入基本农田保护区的农用地，在用地性质的改变上，相对于永久基本农田没有那么严格。在有批准手续的前提下，在符合规划调整手续的前提下，可以根据地方发展经济或者村庄建设的需要，调整一般农田为建设用地。对一般农田的规划，核心工作是做好农作物的种植规划，确保农田产出的最大化，提升村民收入水平。鼓励村民组织合作社开展联产或规模化经营，提高土地产出效率。

10.2.3 设施农业区

设施农业区包括生产设施用地、附属设施用地以及配套设施用地。生产设施用地指直接用于农产品生产的设施用地，包括经营性养殖的畜禽舍、工厂化作物栽培或水产养殖池塘或工厂化养殖池、育种育苗场所及简易生产看护房等；附属设施用地指直接用于设施农业项目辅助生产的设施用地，包括检验检疫监测、动植物防疫虫害防控等技术设施所需的管理用房、配套的畜禽养殖粪便污水等废弃物收集处理的环卫设施用地及生物质（有机）肥料生产设施用地、农产品、设备、原料存储和分拣包装场所用地。配套设施用地指实现规模化的经营性生产所必需的配套设施用地，包括晾晒场、粮食烘干设施和临时存放场所及大型农机临时存放场所等。

在村庄规划的业态选择上，村庄层面的设施农业重点围绕蔬菜产业、养殖业和休闲观光农业等领域进行规划设计和项目的选择。

（1）蔬菜产业

在光、热、水等气候条件和土壤条件适宜各种蔬菜作物生长的区域，充分利用有利自然条件，以市场为导向，大力发展设施蔬菜，稳步扩大蔬菜基地规模。

（2）养殖业

结合村民养殖发展基础，突出发展生猪、家禽、肉牛养殖等产业，发展高效渔业，着力推进养殖业规模化、标准化、集约化进程，发展生态健康养殖。

（3）休闲观光农业

在乡村旅游发展需求旺盛的背景下，大力发展城郊型特色农业的同时，依托城郊良好的原生态的自然风貌，发展特色农业，积极发展生态休闲观光农业。

10.2.4 林牧区

林牧区是林区与牧区的结合。林区是以林业生产为主，有成片原始林、次生林或人工林覆盖的地区，一般位于山地或丘陵地带。作为林业生产的基地，可以提供大量的木材和各种林产品。牧区是利用广大天然草原，以提高牧区土地利用率和生产率为目的，主要采取放牧方式经营饲养草食性牲畜为主的畜牧业地区，是商品牲畜、役畜和种畜的生产基地。

结合林牧区区位特征，在村庄规划过程中，核心是促进林业与畜牧业全面协调发展，利用林下资源，围绕林业发展畜牧业，使林业、畜牧业提高产品质量，提高林牧业经济效益，在维护生态平衡的基础上实现最大收益。要坚持以农牧业供给侧结构性改革为主线，适应市场需求、促进林业产业结构调整，优化农业从业者结构，探索创新创业制度，吸引和培养知识型、技能型、创新型农业经营主体和服务主体。着力调整优化农牧业产业结构，着力改革传统生产经营方式。改变农牧业生产的传统格局，发展规模化、标准化种养基地建设，适度规模经营，转化农牧业科研成果，推广农牧业实用技术，追求扩大规模降成本，实现节本增效，向管理和规模要效益。

10.2.5 渔业区

渔业区是人类利用水域生物的物质转化功能，通过从事水产品的研究、捕捞、养殖、冷冻、加工和销售，以获取水产品经济效益的农业产业地区。

随着社会经济技术的快速发展，中国渔业的发展也面临着诸多挑战。渔业发展亟须转方式调结构，由注重产量增长向更加注重质量效益，应用先进技术，推动渔业发展方式转变，由注重资源利用转到更加注重生态环境保护上来，走产出高效、产品安全、资源节约、环境友好的农业现代化道路。通过促进渔业绿色发展、循环发展、低碳发展，实现渔业生态文明建设的目标，打造现代渔业生态系统。大力发展池塘循环流水养殖、受控式集装箱养殖、鱼菜共生养殖、多级人工湿地养殖等新型养殖模式。着力延伸渔业产业链，不断拓展渔业新功能。积极发展水产品加工业，提升水产品加工转化率和辐射带动能力。通过认定最美渔村、渔文化节庆活动、休闲渔业示范基地等方式，大力发展休闲渔业。加强渔业品牌建设，培育一批叫得响、过得硬、有影响力的渔业品牌。推进"互联网＋渔业"深度融合，用数字化、智能化和信息化手段改造渔业，提升渔业。

10.2.6 体验农场

体验农场是近年来兴起的农业新领域，是指专门为游客提供农业旅游场地，极具休闲农业开发价值，是村庄展示平台、体验平台、传播平台、接待平台和区域营销平台。体验农场以"创意、创新、体验"为核心，集生态农业种养、农业科技展示、教育素质拓展、休闲农业观光、家庭蔬果宅配及优质农产品展销为一体。

其中，亲子农业是伴随着休闲农业而产生的，已经发展为休闲农业的重要组成部分，具有主要引导城市家庭体验乡村氛围和田园生活的功能。对农场经营者而言，如何将儿童农业教学寓教于乐，形成良性的持续到访，增加家庭的黏性，拉动农场相关产品的消费。亲子农场作为孩子们成长的大自然课堂，成为休闲农业产业中发展最为突出、收效最为显著的细分市场之一，体验农场的形式有农业大课堂、迷你农场、乡愁记忆园、农业嘉年华、农业地球村等形式。亲子农业或成为未来中国新农场产业运营决胜的关键。

（1）农业大课堂

在城市化的背景下，孩子们的社会实践和户外教育越来越得到重视，通过体验大自然，从而丰富孩子们的视野和生活感悟。亲子农场规划设计农业大课堂教育体验项目，成为孩子们成长中的一门大自然课堂，农业大课堂以科普和社会实践为主要目的，以夏令营或学校集体组织为主要形式，配套设计解说系统，解说系统的设计要做到知识性、趣味性、科学性"三性合一"，才能取得更好的学习和教育的效果。

（2）迷你农场

迷你农场的选址一般在大城市郊区且交通便利的村庄。迷你农场的设计一般以几十平方米的农田为单元，并划分成若干小块供市民认养，农场经营者提供免费种子、农具、限量有机肥料，并提供采收配送服务。部分农场可结合实际情况实行会员制管理，促进市民长期持续到访农场。迷你农场的开发，还要有其他特色项目的支撑，比如，农场还可提供果树认养、动物认养等项目。

（3）乡愁记忆园

乡村游乐园是一种以年代风格为特色的亲子游乐项目，代表着一个时代的缩影印记，具有勾起市民孩童记忆，寻根乡愁的功能。游乐形式以 20 世纪60—80 年代的生活场景为蓝本，游乐设备主要选自那个年代的人日常生活中的一些简单的娱乐设施，比如跷跷板、秋千，还有一些自制玩具项目，像滚铁环、弹球、玩泥巴、跳房子等。设施虽然简单，却是那个时代人的童年生活。乡愁记忆园不仅具有时代符号，而且蕴含着深深的乡愁，对下一代人的成长也具有积极影响和意义。

（4）农业嘉年华

农业嘉年华是以农业为基础，以文化为纽带、以科技为支撑、并融入都市嘉年华娱乐方式融入农业节庆活动中，形成的一种新探索、新实践、新模式。它主要围绕以农耕时节、开花及丰收季节等农业主题开展节事活动，以自然生态田园为主要活动场地，通过举办系列主题创意活动吸引游客，获得农业生产以外的收益。

（5）农业地球村

农业地球村是以选取一个村庄为单元，引进优质作物品种、先进种植技术，形成创新的经营模式。打造国际交流平台，并将国际文化元素融入农场建筑、餐饮住宿等多个环节，为游客提供差异化的异域文化风情体验。

10.2.7 田园综合体

田园综合体是以农民合作社为主要载体、集现代农业、休闲旅游、农事体验于一体的农村产业融合发展示范园。目的是通过发展文化旅游产业助力村庄农业发展、让农民充分参与和受益，促进三产融合，推动产业兴旺和城乡融合发展。"田园综合体"是当前乡村发展代表创新突破的一种思维模式，其本质就是农业 + 文旅 + 社区的综合发展模式。

通过现代农业 + 城镇，构建产城一体，农旅双链，区域融合发展的农旅综合体——新田园小镇。按城乡统筹，农业农村一体，以特色小镇为统领，以农业产业的规模化，特色化，科技、路径为支撑，以农业休闲旅游方式经济模式为内涵，打造成为新型城镇化典范。中农富通城乡规划设计研究院的农业公园的规划建设，建议应以现代农业的发展为基础，将现代农业产业与二三产业融合，以美丽乡村的建设为载体，改善农村人居环境，传承民俗历史文化，充分挖掘城市市民的消费需求和趋势，挖掘地域山水资源，规划设计重点亮点项目，通过具体项目建设实施，推动区域经济发展，创新发展模式。

因此，在规划田园综合体过程中需要重点抓好生产体系、产业体系、经营体系、生态体系、服务体系、运行体系等六大支撑体系建设。主要内容包括夯实基础，完善生产体系发展条件，优先保障"田园 + 农村"等配套设施条件；突出特色，打造涉农产业体系发展平台，立足区位、当地资源禀赋等挖掘特色产品；创业创新，培育农业经营体系发展新动能，通过土地流转等合作方式，优化农业生产经营体系；绿色发展，构建乡村生态体系屏障，充分利用当地生态田园资源，优化田园景观资源配置；完善功能，补齐公共服务体系建设短板，发展适应社会需求的公共服务平台，为区居民提供便捷高效服务；形成合力，健全优化运行体系建设，妥善处理村民与各投资方的关系，实现在田园综合体发展中的收益分配。

10.3 农民生活区规划

农民生活区是村民聚居的地方，是村民生活最主要的地方。农民生活区的质量直接关系着村民的身体健康状态、生活水平质量与个人幸福指数。农民生活区干净、整洁的环境有利于提高村民生活质量，提升个人幸福感，还能正向激励农民进行生产，促进经济进一步发展，稳定经济基础，继而有更多专项资金投入生活区规划整理，形成良性循环。反之，脏乱差的农民生活区有大量垃圾使细菌繁殖，容易导致疾病传播。同时，还会影响村庄整体风貌，影响进一步投资、融资与村庄产业发展。生活在该区域内的农民生活幸福感指数也会在某种程度上有所下降。村民生活区规划的内容可参见第九章村庄建设空间规划内容。

第 11 章　村庄生态空间规划

广义的生态空间是指任何生物维持自身生存与繁衍都需要的一定的环境条件，一般是指处于宏观稳定状态的某物种所需要或占据的环境总和，从广义上说，农业空间等非建设用地空间均属于生态空间。本章所指的村庄生态空间，是指狭义的生态空间，为国土空间规划体系中提出的"三区三线"中由生态保护红线所构成的生态空间，指具有自然属性、以提供生态服务或生态产品为主体功能的国土空间，包括森林、草原、湿地、河流、湖泊、滩涂、岸线、海洋、荒地、荒漠、戈壁、冰川、高山冻原、无居民海岛等，是不包括农业空间的广义生态空间。随着中国工业化和城市化的快速推进，农村生态空间被农业生产空间和村民生活空间不断挤压与占用，导致生态空间减少，农村的无序开发、过度开发、分散开发使得农村生态系统功能退化、资源环境破坏等问题日益突出。根据上位国土空间规划的要求，划定村庄生态空间，并制定相应的管制措施，是村庄规划过程中生态空间规划的核心工作内容。

11.1 生态空间划定

生态保护红线是在生态空间范围内具有特殊重要生态功能是必须强制性严格保护的区域，是保障和维护国家生态安全的底线和生命线。2017 年 5 月，生态环境部、国家发展改革委联合发布《生态保护红线划定指南》，要求各地按照该指南推进生态保护红线划定工作，核心是对国土空间开展生态功能重要性和生态敏感性评估，将生态极重要和生态极敏感区域与国家级和省级的禁止开发区域进行校验，形成生态保护红线。生态保护红线体系构成包含重点生态功能区保护红线、生态敏感区／脆弱区保护红线、禁止开发区保护红线，内容涵盖生态功能保障基线、环境质量安全底线、自然资源利用上线。

永久基本农田保护红线是按照一定时期人口和社会经济发展对农产品的需求，依法确定的不得占用、不得开发、需要永久性保护的耕地空间边界。从 2014 年 11 月《国土资源部、农业部关于进一步做好永久基本农田划定工作的通知》到 2018 年 2 月《国土资源部关于全面实行永久基本农田特殊保护的通知》两项通知的发布，全国各地已基本完成永久基本农田的划定工作。

村庄规划需要依据上位国土空间规划对"三区三线"的划定，进一步确定村内生态用地的布局和规模。对国家和省市一级国土空间规划明确规定的以提供生态产品或者生态服务为主导功能的用地，应纳入生态用地保护。对其他具有生态功能，且符合当地农民保护意愿的地类，也可纳入生态用地保护。在规划实践中，首先要与永久基本农田划定部门沟通、对接；再结合村庄的主体功能，考虑当地水文条件、地质条件等因素，对耕地质量等别、耕地地力进行评价，将高等优级的耕地划入永久基本农田；同时与土地整理、高标准农田建设项目相结合，将经过土地整理的耕地划入；最后将生态退耕、零星分散、不易耕作、质量较差等不宜作为永久基本农田的耕地划出，形成永久基本农田保护红线。

11.2 村庄生态安全敏感性评价

生态环境敏感性是指生态系统对人类活动干扰和自然环境变化的反映程度，说明发生区域生态环境问题的难易程度和可能性大小。例如，如果在同样的人类活动强度影响或外力作用下，各生态系统出现区域生态环境问题（如沙漠化，盐渍化，水土流失和酸雨）的概率大小等。生态环境敏感性评价，实质就是在没有发生人类活动行为的前提下，评价具体的生态过程在自然状况下产生生态环境问题的潜在可能性大小，敏感性高的区域，当受到人类不合理活动影响时，就容易产生生态环境问题[1]。生态安全敏感性评价不但能够判断与推测区域内生态系统失衡程度和可能产生的环境问题，同时也是生态环境评价分析和调节控制城市生态系统建设的重要一环[2]。

现有的村庄生态安全敏感性评价有以下几种方法：一是模糊综合评价法，模糊综合评价法基于模糊集合，从多个指标对村庄生态安全状况进行综合性评判，并确定其隶属等级和安全区间。模糊综合评价法，一方面，考虑到定量指标的客观精确性；另一方面，又注重发挥人的辩证思维的能动性，使评价结果更接近实际情况；二是生态足迹法，生态足迹是指在一定的科技水平下，能够连续地供给资源或吸纳排放废物的、具有生物生产能力的村庄地理空间；三是景观生态评价法，景观生态评价法具体包括景观生态安全格局评

---

① 李东梅，吴晓青，于德永，高正文，吴钢. 云南省生态环境敏感性评价 ［J］. 生态学报，2008（11）：5270–5278.
② 谢旻 . 基于生态敏感性评价的乡村景观规划设计 ［D］. 北京林业大学，2016.

价法和景观空间邻接度评价法两种，景观生态安全格局法主要通过建立村庄动植物品种空间运动态势阻隔面，判断村庄物种的空间安全格局，景观空间邻接度法则通过建构空间邻接长度比、数目比和面积比，分析耕地、林地、草场等遭受的危险程度，进而计算出景观安全度；四是"3S"技术法，"3S"技术法主要是将 RS、GIS、GPS 三项技术结合起来进行评价。

针对村庄生态安全敏感性评价，可以将村庄分为极敏感、高度敏感、中度敏感、轻度敏感、不敏感五种村庄。根据评级决定该村庄制定怎样的发展方向，综合考量村庄实际生态环境，避免村庄规划开发建设中破坏生态环境，建设生态文明。

11.3 塑造永续安全的生态格局

建设生态文明是关系人民福祉、关乎民族未来的长远大计。村庄规划要坚持以生态文明建设为核心，在上位规划划定生态保护红线和永久基本农田的基础上，加强落地执行，塑造永续安全的生态格局。

生态保护红线的实质是生态环境安全的底线，目的是建立最为严格的生态保护制度，对生态功能保障、环境质量安全和自然资源利用等方面提出更高的监管要求，从而促进人口资源环境相均衡、经济社会生态效益相统一。

环境保护部（现为生态环境部）于 2014 年印发了《国家生态保护红线——生态功能基线划定技术指南（试行）》，标志着中国将全面开展生态保护红线的划定工作，体现了环保部推进主体功能区规划、实行最严格的源头保护制度、改革生态环境保护管理体制的行动导向。又根据《环境保护法》规定，生态保护红线划定后在作为基层规划的村庄规划中需要制定和实施配套的管理措施来实现生态保护红线的管理目标，与现有法律法规相协调的配套政策，根据生态保护红线的分类分级体系实施严格的管控措施。各村庄在实施生态红线划分后往往对相关管理政策措施考虑不足，生态红线的精细化管理是需要重点关注的方向，从而实现生态保护红线与乡村生态系统管理的有机结合①。

明确生态用地管制规则。对生态用地中具有特殊重要生态功能的，应严

---

① 邹长新，王丽霞，刘军会.论生态保护红线的类型划分与管控［J］.生物多样性，2015，23（06）：716-724.

禁任意改变土地用途，如重要的水源涵养、生物多样性维护、水土保持、防风固沙、海岸生态稳定等功能的重要区域，以及水土流失、土地沙化、石漠化、盐渍化等生态环境敏感脆弱区域。对生态用地中一般生态功能的区域，应限制开发利用。有条件的地区，可结合生态保护和环境景观要求，依据《生态公益林建设导则》（GB/T18337.1-2001），《村庄整治技术规范》（GB50445-2008）等标准规范，进一步对生态用地进行详细规划。

11.4 生态空间的类型与利用

在生态环境承载力允许的前提下，可结合乡村旅游发展的需求，合理开发利用自然环境优美、旅游资源集中丰富的生态空间。根据生态空间的自然特征，可以细分为自然保护区、风景名胜区、森林公园、湿地公园、地质公园、水源保护区、生态公益林等。上位国土空间规划一般会制定针对不同生态类型的专项规划，如自然保护区保护与开发规划、风景名胜区旅游规划等。在村庄规划层面，一般在上位国土空间规划及相关生态空间专项规划的基础上，根据保护与开发利用相结合的原则，制定村庄生态空间的保护与利用措施。

11.4.1 自然保护区

自然保护区是指有代表性的自然生态系统、珍稀濒危野生动植物物种的天然集中分布区、有特殊意义的自然遗迹等保护对象所在的陆地、陆地水体或者海域等以特殊保护和管理的区域。强化自然保护区建设和管理，是贯彻落实创新、协调、绿色、开放、共享新发展理念的具体行动，是保护生物多样性、筑牢生态安全屏障、确保各类自然生态系统安全稳定、改善生态环境质量的有效举措，推进生态文明、构建国家生态安全屏障、建设美丽中国的重要载体。自然保护区是一个泛称，由于建立的目的、要求和本身所具备的条件不同，而有多种类型。按照保护的主要对象来划分，自然保护区可以分为生态系统类型保护区、生物物种保护区和自然遗迹保护区3类；按照保护区的性质来划分，自然保护区可以分为科研保护区、风景名胜区（国家公园）和资源管理保护区4类。

中国古代就有朴素的自然保护思想，例如，《逸周书·大聚篇》就有："春三月，山林不登斧，以成草木之长。夏三月，川泽不入网罟，以成鱼鳖之长。"的记载。官方有过封禁山林的措施，民间也经常自发地划定一些不准樵采的地域，并制定出若干乡规民约加以管理。此外，所谓"神木""风水林""神山""龙山"等，虽带有封建迷信色彩，但客观上却起到了保护自然的作用，有些已具有自然保护区的雏形。

在村庄规划过程中，需要对村庄所在的区域自然保护区资源进行梳理，判断村庄与自然保护区的关系，正确处理村庄发展与自然保护的协同关系。

图 11-1 中国自然保护区标识

图 11-2 中国国家风景名胜区标识

11.4.2 风景名胜区

风景名胜区（National Park of China）是指能够反映重要自然变化过程和重大历史文化发展过程，基本处于自然状态或者保持历史原貌，具有国家或区域代表性的自然景观和人文景观。风景名胜包括具有观赏、文化或科学价值的山河、湖海、地貌、森林、动植物、化石、特殊地质、天文气象等自然景物和文物古迹，革命纪念地、历史遗址、园林、建筑、工程设施等人文景物和它们所处的环境以及风土人情等。

根据国家风景区管理条例，风景区保护规划需要划定一级保护区（核心景区—严格禁止建设范围）、二级保护区（严格限制建设范围）、三级保护区（限制建设范围）。部分村庄处于这些风景名胜区的外围限制建设范围，在村庄规划过程中，需要坚持保护第一、适度开发的原则，协同风景区管委会处理好实现保护和开发的平衡。

11.4.3 森林公园

森林公园是指森林景观优美，自然景观和人文景物集中，具有一定规模，可供人们旅游、休息或进行科学、文化、教育活动的场所。森林公园风景资源基本质量评价森林公园风景资源分为如下五类：地文资源，包括典型地质构造、标准地层剖面、生物化石点、自然灾变遗迹、名山、火山熔岩景观、蚀余景观、奇特与象形山石、沙（砾石）地、沙（砾石）滩、岛屿、洞穴等；水文水资源，包括风景河段、漂流河段、湖泊、瀑布、温泉、小溪、冰川等；生物资源包括各种自然或人工栽植的森林、草原、草甸、古树名木、奇花异草、大众花木等植物景观；野生或人工培育的动物及其他生物资源及景观；人文资源，包括历史古迹、古今建筑、社会风情、地方产品、光辉人物、历史成就及其他人文景观；天象资源，包括雪景、雨景、云海、朝晖、夕阳、佛光、蜃景、极光、雾凇、彩霞及其他天象景观。

随着旅游业的逐渐兴起和林业产业结构的调整，森林旅游的开发和保护日益受到重视，应遵循"保护为主，保护、发展和开发利用相结合"的原则。在森林的环境中，不仅山清水秀、风景秀丽，气候宜人，尤其在一些针叶林中，空气中含有大量的负离子，它能消除人们的精神疲劳，促进新陈代谢。森林作为一种自然资源，它不仅能为社会提供木材和林副产品，而且还具有多种功能，尤其在防止污染、保护和美化环境方面更具有突出作用。利用森林环境开展各项旅游项目，是在不采伐，或少采伐、不破坏森林的条件下发挥森林效益的一种方式。森林公园的建设不仅开发了旅游资源，增加了经济收入，还对保护森林资源、保护生物多样性和促进森林资源的持续利用做出了积极的贡献。

11.4.4 湿地公园

湿地公园（Wetland Park）是指天然或人工、长久或暂时性的沼泽地、泥炭地或水域地带，自然、半自然或人工水陆过渡生态系统，是城市重要的生态基础设施及景观资源。湿地公园主要以湿地的水域环境和陆域环境结合的多样化湿地景观资源为基础，以生态修复、科研、科普宣教、自然野趣、休闲游览等湿地功能利用、弘扬湿地文化等为主题，并配套建设有一定规模的旅游服务管理和休闲设施，可供人们旅游观光、休闲娱乐的生态型主题公园。湿地公园的规划设计应遵循系统保护、合理利用与协调建设相结合的原则，在系统保护城市湿地生态系统的完整性和发挥环境效益的同时，合理利用城市湿地具有的各种资源，充分发挥其经济效益、社会效益，以及在美化城市环境中的作用。

湿地公园是国家湿地保护体系的重要组成部分，与湿地自然保护区、湿地野生动植物保护栖息地、水产种质资源保护区、海洋特别保护区以及湿地多用途管理区等共同构成了湿地保护管理体系。发展建设湿地公园是落实国家湿地分级分类保护管理策略的一项具体措施，也是当前形势下维护和扩大湿地保护面积直接而行之有效的途径之一。

发展建设湿地公园，既有利于调动社会力量参与湿地保护与可持续利用，又有利于充分发挥湿地多种功能效益，为公众搭建休闲游览和释放压力的平台，既达到保护湿地生态系统的效果，同时促进了社会经济可持续发展，维持湿地多种效益持续发挥的目标。对改善区域生态环境，促进生态环境和经济建设平衡发展，实现人与自然和谐共处都具有十分重要的意义。

11.4.5 地质公园

地质公园（Geopark）是指拥有稀有的自然属性、较高的美学观赏价值等地质景观和地质建造，具有一定规模和分布范围的地质遗迹景观为主体，历史上在保护和增强地质方面具有重要地质价值，见证地球演化历史的重要地区，并对未来的可持续发展起着决定作用。地质公园是地质遗迹景观和生态环境的重点保护区，既是地质科学研究与普及的基地，又为人们提供具有较高科学品位的观光旅游、度假休闲、保健疗养、文化娱乐的场所。建立地质公园的主要目的包括保护地质遗迹、合理开发、普及地学知识，开展文化旅游促进地方经济发展。根据地质保护的价值地质公园分为世界地质公园、国家地质公园、省地质公园和县市级地质公园四级。在村庄规划过程中，根据村庄所处的地质条件，结合上位相关专项规划，配合地质公园管委会开展地质公园的保护与开发利用工作，对尚未获得地质公园评级，又具备地质公园建设条件的村庄，积极联合相关职能部门，推进地质公园的申报和制定保护开发措施工作。

11.4.6 水源保护区

水源保护区是指政府对某些特别重要的水体加以特殊保护而划定的区域。

《中华人民共和国水污染防治法》规定，县级以上的人民政府可以将下述水体划为水源保护区：生活饮用水水源地、风景名胜区水体、重要渔业水体和其他有特殊经济文化价值的水体。对水源保护区要实行特别的管理措施，以使保护区内的水质符合规定用途的水质标准。

我国水源保护区等级的划分依据为对取水水源水质影响程度大小，将水源保护区划分为水源一级、二级保护区。结合当地水质、污染物排放情况将位于地下水口上游及周围直接影响取水水质（保证病原菌、硝酸盐达标）的地区可划分为水源一级保护区。将一级水源保护区以外的影响补给水源水质，保证其他地下水水质指标的一定区域划分为二级保护区。

村庄是国土空间的最基层单元，承担着水源保护区保护的基本责任主体的职责，通过村庄规划，落实村庄在各级水源保护区的保护职责，制定水源保护区各级保护范围的具体管理措施。

11.4.7 生态公益林

生态公益林是指生态区位极为重要，或生态状况极为脆弱，对国土生态安全、生物多样性保护和经济社会可持续发展具有重要作用，以提供森林生态和社会服务产品为主要经营目的的重点防护林和特种用途林。包括水源涵养林、水土保持林、防风固沙林和护岸林以及自然保护区的森林和国防林等。

生态公益林也是保护和改善人类生存环境、维持生态平衡、保存物种资源、科学实验、森林旅游、国土保安等需要为主要经营目的的森林、林木、林地。村民既是生态公益林的种植经营主体，也是生态公益林的保护核心主力。对于村庄内的生态公益林，需要在村庄规划中制定详细的公益林保护措施，确保公益林不因村庄集体经济的发展而受到破坏，并根据村庄生态空间划定的结果，适当增加生态公益林的规模，提升村庄生态环境质量。

第 12 章　村庄土地整治规划

土地整治是指在一定区域内，按照国土空间规划确定的目标和用途，通过采取行政、经济和法律等手段，运用工程建设措施，以土地整理、复垦、开发和城乡建设用地增减挂钩为平台，推动田、水、路、林、村综合整治，推进城乡一体化进程的一项系统工程，以提高土地集约利用率和产出率，改善生产、生活条件和生态环境的过程，其实质是土地的合理利用。广义的土地整治包括农用地整理、土地复垦和土地开发。土地整治规划是农村生态文明建设的重要组成部分，结合人居环境治理、风貌整治、生态环境修复、乡村景观建设等要求，因地制宜制定农用地整理、划定永久基本农田整备区、农村建设用地整理、土地复垦、未利用地开发、土地生态修复等方案，引导聚合各类涉地涉农资金，发挥土地整治平台作用。

12.1 农用地整理

农用地整理就是通过对山、水、林、田、湖、草等自然资源以及村庄环境的综合整治，改造和完善农业配套基础设施，对用地结构进行优化配置和合理布局，增加有效耕地面积，改良土壤，完善农田水利设施，提高耕地质量，增加有效耕地面积，提高农业综合生产能力；实行田、水、路、林综合治理，提高农业抗御自然灾害能力；加强农田防护林的建设，发挥其涵养水源、保持水土、净化空气等重要功能，逐步形成点、带、网、片相结合的复合生态系统，改善农田生态环境，保障国土生态安全。

农用地整理还包括农田水利设施、田间道路的整理。农用地整理的内容，包括农用地面积、位置的变动、性质的置换；低效农用地的改造以及地块规整重划；插花地调整；水、电、路等小型基础设施配套和零星农宅的迁出或合并，以及农田生态建设等。

农业地整理的目的包括增加有效耕地面积，提高耕地质量，改善农业生产条件和生态环境等方面。农业地整理需结合永久基本农田建设、中低产田改造、农田水利建设、坡改梯水土保持工程建设等进行，完善农田水利设施，改善农业生产条件，建成现代化高标准农田，提高土地利用率和产出率的潜力，最大程度上发挥农用地整理潜力。现阶段农用地整理的主要内容包括：（1）调整农地结构，归并零散地块；（2）平整土地，改良土壤；（3）道路、林网、沟渠等综合建设；（4）归并农村居民点、乡镇工业用地等；（5）复垦废弃土地；（6）划定地界，确定权属；（7）改善环境，维护生态平衡。

12.2 未利用土地开发

未利用土地开发是指，在不破坏生态环境的前提下，结合流域水土治理、农村生态建设与环境保护、海涂及岸线资源保护等，因地制宜地确定荒地、盐碱地、沙地等开发的用途和措施。开发未利用的土地，应当按照国土空间总体规划，在保护和改善生态环境、防止水土流失和土地荒漠化的前提下进行；适宜开发为农用地的，应当优先开发成农用地。开垦未利用的土地，必须经过科学论证和评估，在土地利用总体规划划定的可开垦的区域内，经依法批准后进行。禁止毁坏森林、草原开垦耕地，禁止围湖造田和侵占江河滩地。

根据国土空间总体规划，对破坏生态环境开垦、围垦的土地，有计划有步骤地退耕还林、还牧、还湖。开发未确定使用权的国有荒山、荒地、荒滩从事种植业、林业、畜牧业、渔业生产的，报县级以上人民政府依法批准，确定给开发单位或者个人长期使用。

土地开发整理应坚持统筹规划，合理开发利用资源，切实保护和改善生态环境的基本原则。在增加有效耕地面积，提高耕地质量的同时，严格控制未利用土地开发。而任何土地开发整理项目首先要立足保护和提高粮食综合生产能力及可持续发展能力，实现数量、质量和生态保护相统一。土地开发整理还要与农业生产结构调整有机结合，最大限度发挥土地效益，凡闲置的土地、未利用土地或被破坏的土地，按项目规划设计开发整理复垦成园地，并经项目验收认定具备耕作条件的，视作补充耕地，在土地变更调查时按可调整园地统计。非农建设必须占用时，除按照法律规定办理农用地转用审批外，仍须按照耕地占补平衡要求实行占一补一。要加大工矿废弃土地复垦力度，坚持鼓励土地整理和复垦的有关政策，鼓励单位和个人依法运用土地整理新增耕地指标折抵、建设用地指标置换等各种优惠政策。

12.3 划定永久基本农田整备区

基本农田整备区，是指在规划实施期间可以调整补充为基本农田的耕地集中分布区域。区内土地整治的资金投入，引导建设用地等其他地类逐步退出，建设具有良好水利和水土保持设施的、高产稳产的优质耕地，通过补划调整，使零星分散的基本农田向整备区内集中，形成集中连片的、高标准粮棉油生产基地。

12.3.1 划入标准

划入整备区的应是最新土地利用现状调查成果显示为坡度小于25度的耕地（不含可调整地类）；已划定的永久基本农田范围外，已实施过土地整治、建成高标准农田的耕地优先划入整备区；已划定的永久基本农田范围以外的水田和有条件进行提质改造的耕地，特别是与现有永久基本农田相连的耕地，应优先划入整备区；整备区可以在土地利用总体规划确定的限制建设区或有条件建设区范围内，不得在允许建设区和禁止建设区范围内。

12.3.2 制定标识

划定永久基本农田整备区具体内容包括多个层面，首先落实整备区地块。在土地利用现状库和基本农田保护现状成果资料的基础上，将永久性基本农田整备区逐一落实到以土地利用现状图斑为单位的地块，绘制基本农田整备区划定工作底图，明确基本农田整备区的地块、地类、面积、质量等级信息以及片（块）编号。同时，健全相关图表册，设立统一标识。其次，基本农田整备区划定后，按照《国务院关于印发基本农田与土地调整标识使用和有关标志牌设立规定的通知》（国土资发〔2007〕304号）要求，在基本农田整备区保护片块设立统一规范的基本农田整备区保护牌和标识。

12.3.3 落实职责

落实到与村委会签订基本农田保护责任书，落实保护责任人，全面建立保护监管机制和保护补偿机制。全面调查核实基本农田整备区保护地块土地承包状况，确定基本农田整备区保护地块的基本责任人。划定的基本农田整备区落实到村组和承包农户，逐步将基本农田整备区标注到农村土地承包经营权证书上。明确集体经济组织和农户的保护责任，签订基本农田整备区保护责任书，依据《基本农田保护条例》层层落实保护责任，明确基本农田整备区的范围、地类、面积、地块、质量等级、保护措施、当事人的权利与义务、奖励与处罚等内容。建立保护数据库，按照国家土地利用数据库建设标准，以土地利用现状数据库为基础，国土空间总体规划图为控制，充分采集基本农田整备区保护片块基础数据，建立基本农田整备区保护数据库。最后，进行划定工作成果汇总。

在村庄规划过程中，应按照上位规划要求，切实做好永久基本农田整备区管理工作。严格整备区用途管制，非农建设项目选址时应避免占用整备区，确实不可避免占用整备区的，按占用一般耕地办理手续，当整备区规模低于永久基本农田保护目标任务的 1% 时，必须按规定进行补划。重大建设项目依法占用永久基本农田需要补划时，优先在整备区内选择数量相等、质量相当的地块进行补划。整备区内的耕地优先纳入高标准农田建设和耕地提质改造范围，改善生产条件，提高耕地质量。

12.4 农村建设用地整理

建设用地整理是对利用率不高或废弃闲置的建设用地，通过采取一定的整治经济手段和工程技术措施，改善原有土地利用方式或置换整合土地权属，促进土地资源的优化配置，达到提高土地集约利用的主要目的。农村建设用地整理主要包括农村居民点用地整理和农村工矿废弃地整理，按照上位国土空间总体规划和土地整治专项规划的要求，结合农房、道路改造、公共设施建设和人居环境治理，集中对散乱、废弃、闲置的宅基地和其他集体建设用地进行综合整治。通过对农村土地整理，使农村的"脏、乱、差"现象明显改善，提高农村的生产、生活环境，有效增加耕地面积，提高土地的利用率。

12.4.1 农村居民点用地整理

农村居民点用地整理，以优化村庄居民点用地和空间布局，提高土地利用效率和集约化程度为目标，基本内涵是对农村居民点的数量、用地规模、用地布局和空间结构进行综合调整和配置，主要是运用工程技术及经济政治手段归并调整土地产权，使农村居民点适度集中，提高农村居民点土地利用开发强度，促进土地利用有序化、合理化、科学化，并改善农民生产、生活条件和农村人居环境，建设宜居美丽乡村。

农村居民点用地整理已成为中国土地整理的一项重要工作。一方面，农村居民点用地整理对改善农村生态环境，提高农民生活质量，缓解用地矛盾、实现耕地占补平衡，发展农村经济、促进城市化，缩小城乡差距，解决"三农"问题都具有重大的现实意义；另一方面，农村居民点整理将在中国加快城市化进程、缩短城乡贫富差距中发挥积极作用，同时可以一定程度上增加城镇建设用地的供给，推进经济持续健康发展。把农村居民点整理纳入国土空间总体规划的专项规划编制当中，有目的、有针对性地开展农村居民点整理，通过减少农村居民点用地与相应增加城镇建设用地的"此消彼长"相挂钩的方式，在一定程度上缓解村庄建设用地供需不平衡的现状。

12.4.2 农村工矿废弃地的整理

针对已经破产或闲置废弃的工矿和企业的农村集体所有建设用地，通过工程技术手段，对其进行重新地复垦整理，使其达到或逐步达到耕作标准。农村工矿废弃地的整理是农村建设用地整理的重点，对改善农村生态环境以及农民生产、生活条件，优化土地利用结构，促进土地可持续发展也有着重要意义，体现在：

一是增加耕地面积，提高土地产出率。通过土地复垦使得土地利用结构得以优化调整，耕地面积有所增加。通过土地复垦使得田块规整成方，农田水利设施配套完善，田间道路通畅，农田防护林建设成网，为农业现代化、集约化经营创造有利条件；通过土地平整、深翻土地以及秸秆还田等有效手段，降低土壤的含盐量，增加土壤的有机质含量，改善土壤的理化性状和团粒结构，提高土壤保肥、保水、保土的能力，增加耕地产出率。

二是改善区域景观生态环境。土地复垦中通过采取工程技术、生物化学等措施，恢复地表植被，调节项目区农田小气候，一方面，减少水土流失、提高土地生态涵养能力；另一方面，也有效改善区域景观生态条件，避免废弃建设用地扬尘、扬沙等情况发生。

三是缓解保障发展和保护耕地矛盾。通过废弃建设用地复垦，为村庄建设发展拓展了空间，同时增加耕地面积，可以在一定程度上缓解保障发展和保护耕地之间的矛盾，提升土地资源的综合承载能力。

12.5 农村土地复垦

土地复垦是指对生产建设活动和自然灾害损毁的土地，采取整治措施，使其达到可供利用状态的活动。其广义定义是指对被破坏或退化土地的再生利用及其生态系统恢复的综合性技术过程；狭义定义是专指对工矿业用地的再生利用和生态系统的恢复。土地复垦在 20 世纪 50 年代末称其为"造地复田"。当时为了克服自然灾害带来的粮食困难，矿山职工自发地在排土场、尾矿场上垫土种植蔬菜和粮食。在"以粮为纲"的年代，土地复垦按照"谁损毁，谁复垦"的原则，由于历史原因无法确定土地复垦义务人的生产建设活动损毁的土地，由政府组织复垦，一般是指对将废弃或者损毁的土地进行重新开垦后种植农作物。随着时代的发展，土地复垦的内涵在扩展，即土地复垦后的用途不再仅仅是种植农作物，也可以进行植树造林、水产养殖，或是经批准后作为建设用地。

现阶段的农村土地复垦范围主要包括：由于露天采矿、烧制砖瓦、取土、挖砂、采石等生产建设活动直接对地表造成破坏的土地；由于地下开采等生产活动中引起地表下沉塌陷的土地；工矿企业的排土场、尾矿场、电厂储灰场、钢厂灰渣、城市垃圾等堆砌压占的土地；基础设施工程生产建设活动临时占用所损毁或废弃的土地；其他荒芜废弃地等。对于土地资源相对贫乏的中国而言，加强土地复垦工作，对有效缓解人地矛盾，改善被破坏区的生态环境，促进社会安定团结，具有十分重要的意义。

12.6 土地生态修复

12.6.1 概念内涵

生态修复（Ecological Remediation）是在生态学原理指导下，以生物修复为基础，结合各种物理修复、化学修复以及工程技术措施，通过优化组合，使之达到最佳效果和最低耗费的一种综合的修复污染环境的方法。针对水土流失、土地沙化、土地盐碱化、土壤污染、土地生态服务功能衰退和生物多样性损失严重的区域，开展土地整治，修复土地生态系统，最终要使得土地能够达到能够进行自然循环的状态。当前农村土地存在水土流失、土壤沙化、土壤盐碱化，土地重金属污染等问题，严重影响土地质量，进一步影响农作物产量与质量，更为严重的是危害人类健康。因此，土地生态修复被纳入土地整治重点工作。

国土空间生态修复规划更加突出强调"山水林田湖草生命共同体"系统思想，在规划编制中应遵循以维护和提升区域生态系统服务功能为核心，统筹管理自然资源与环境、污染治理与生态保护、水—气—土—生物要素管理，转变原先以工程修复项目为主导的分散在各部门的单要素、条块式修复模式，转变为对生态系统全要素的综合治理，推进各类孤立分布的要素之间的有效衔接与贯通、形成协同效应，有效地发挥生态系统的整体功能。目标是保护生态系统原真性、完整性和生态服务功能，平衡生态环境保护与经济发展、资源利用的关系。

12.6.2 规划框架与内容

村庄土地生态修复规划是保障村庄土地生态修复活动的统筹谋划和总体设计，是在一定时间周期村域范围内开展生态保护修复活动的指导性、纲领性文件，也是乡镇国土空间总体规划重要的专项规划之一。其核心是通过编制规划，确定预期目标、统筹设计村庄生态修复活动的实施范围、工程内容、技术要求、资金安排和实施路径和策略，以提升村庄土地生态品质、筑牢生态安全格局，支撑乡村高质量发展、高品质生活、高水平治理。统筹考虑村庄土地生态修复主要工作目标与任务，国土空间生态修复专项规划可分为6个部分：

（1）基础调查与评估

主要分析规划区自然生态状况、经济社会概况、重大工程实施情况等生态修复基础，明确生态环境、生态空间、生态安全等方面存在的突出问题，以及未来开展国土空间生态保护修复所面临的形势与挑战。

（2）规划总体思路

阐述编制实施规划的政策要求、规划定位、实施范围、规划期限等，明确规划指导思想、基本原则、主要目标、具体指标、总体战略等。

（3）重点修复空间识别

通过开展国土空间综合评价，识别拟开展生态修复的重要空间、敏感脆弱空间、受损破坏空间等范围、面积与分布，并制定生态修复分区导引。

（4）规划任务与措施

针对突出问题和既定目标，提出生态修复相关任务、具体措施与实施时序要求。

（5）重大工程与投资需求

综合考虑突出问题、规划目标、技术经济可行性，设计生态修复重大工程，提出项目清单，测算投资需求，并分析工程项目实施的生态效益、经济效益和社会效益。

（6）组织实施机制

主要包括为保障规划有效实施而制定的配套政策措施、组织保障、绩效评价等。

12.6.3 规划步骤

国土空间生态修复规划编制主要包括调查评估、目标分析、方案设计、成果集成等 4 个步骤：

（1）调查评估

在收集整理相关资料文献的基础上，分析规划区自然资源、人口社会、经济状况、开发格局、规划区划、人居环境、耕地质量、生态状况、矿山问题和实施基础等国土空间生态修复领域的现状、问题，预测未来发展趋势。

（2）目标分析

根据调查评估分析明确的突出问题，结合上位专项规划或区域总体规划等对于国土空间生态修复领域设定的任务性目标，重点从国土空间开发格局优化成效、生态环境质量改善效率、工程项目任务完成量等方面，综合制定生态修复评价指标体系。

（3）方案设计

根据规划区国土空间生态修复各领域存在的突出问题和设定目标，依据国家、相关地方政府及有关部门政策要求和技术规范，提出解决突出生态问题、完成任务目标的具体措施、工程、政策、制度等。

（4）成果集成

结合上述三个方面的成果，按照要求，依据相关领域规划编制技术规范，形成规划文本、说明、图集、研究报告、数据库、信息系统等成果。

12.6.4 修复路径

在乡村土地生态修复过程中，要立足于生态二字，利用现代科技与先进生物技术对村庄土地问题进行整治规划。在水土流失的地区，可以通过种植固土植被，利用植物根系减少水土流失；在土地沙化地区，可以通过种植沙漠植被，比如沙棘等适宜缺水性土壤植被，改善土地沙化情况；在土地盐碱化地区，则需要停止一切开发地下水活动与耕作活动，进行土地修整，改善灌溉方式；针对已被土壤污染的地区，暂停耕种，利用专用改善土壤生物药消除土壤的污染物；在土地生态服务功能衰退和生物多样性损失严重的地区，结合退耕还林、还草，保持水土等措施逐步恢复生态系统，丰富生物多样性。

第 13 章　村庄基础设施规划

村庄基础设施是指为发展农村生产和保证农民生活而提供的公共服务设施的总称，包括交通运输、农田水利、供水供电、邮电商业、园林绿化、教育文化、公共卫生等生产和生活服务设施。基础设施的完善是提升农村生活质量的关键基础，应适应当地村民生活习惯及现代化城市标准进行配置，是农村经济系统的一个重要组成部分。针对村庄基础设施的服务对象和目标，可以将农村基础设施分为农业生产性基础设施、农村生活基础设施、农村社会发展基础设施三大类。

13.1 村庄基础设施规划原则

按照生态文明建设和国土空间规划的总体要求，以完善农村市政设施建设、满足农民生产生活为目标，从村庄实际出发，农村基础设施规划建设的应遵循以下原则：

13.1.1 统一规划，分级配置

在上位各级国土空间规划的指引下，统一部署全村基础设施。在统一规划过程中，需要根据村庄的不同经济发展水平、不同规模等级、不同服务人口数量村庄应分级配置不同的公共设施和市政基础设施，切忌"一刀切"地套用相关指标制定相关设施的规模与标准。

13.1.2 区域统筹，以城带乡

基础设施具有一定的辐射范围和联动性，如水利工程，往往是一个区域性的系统工程，因此在规划过程中要根据不同基础设施的区域需求与辐射服务能力，在上位规划的指引下进行区域统筹，尽量借力城市基础设施，在城市基础设施服务覆盖范围的村庄，尽量避免农村基础设施重复建设，发挥城市对农村的辐射作用。

13.1.3 尊重现状，适度超前

村庄发展均具有较长的历史积淀，在村庄规划过程中，要充分尊重现有设施的现状，充分立足现有设施进行改造，挖掘利用现有设施的服务能力，在科学合理预测村庄发展前景的基础上，按照适度超前的原则，充分采用代表未来方向的新技术、新产品、新设备，并对配置规模留有适度余地，以保证一定年限范围内做到不落伍，不大拆大建，不进行大规模改造。

13.1.4 因地制宜，联建共享

不同村庄的资源条件、区位条件、人口数量、经济和社会发展条件、用地条件都不会相同，配置时应考虑实际情况，因地制宜；坚持联建共享的原则进行建设，尤其是供水、污水处理等相关设施进行统一建设、统一管理，以较大型村庄为依托，小型村庄就近共享，实现节约成本，达到优化配置。

13.1.5 注重效益，门槛限制

基础设施投入大，运营成本高，因此，需要对村庄基础设施进行效益评估，在科学合理评估基础上，设定合理的投资建设门槛。部分自然村庄中人口规模偏小的较多，达不到基础设施运营的规模门槛，也无法实现应有的效益，忽视规模效益和维护费用盲目进行基础设施建设，将会出现设施无法正常运转、资源浪费的情况。

13.1.6 节约成本，精简内容

农村基础设施建设要落实"节水、节地、节能、节材"的"四节"方针。基础设施建设的净收益既有自身的又有外部的，既有经济效益又有环境效益，必须统筹考虑，农村基础设施建设必须坚持可持续原则，坚持以人为本，考虑长期发展，重视能源节约、绿化美化、污染治理和环境保护工作。

13.2 生产性服务设施规划

广义来讲，农业生产性基础设施是指在为农业生产、农产品流通等农业生产各个环节提供基础服务的水利基础设施及培育、科学研究、技术推广、气象等设施条件和社会条件。狭义的农业生产性基础设施主要指现代化农业

基地如高标准农田及水库、灌溉水渠等农田水利建设工程。农业生产性基础设施在增加农民收入、提高农业生产效率、优化农业生产结构等方面发挥着重要作用。

13.2.1 高标准农田建设规划

高标准农田是指达到"田地平整肥沃、水利设施配套、田间道路通畅、林网建设适宜、科技先进适用、优质高产高效"标准，促进"旱涝保收高标准农田"建设。大力推进高标准农田建设，并加强运行维护，确保长效利用，是保障国家粮食长久安全的物质基础，稳步提高农业综合生产能力，是发展现代农业、建设社会主义新农村的现实要求，是公共财政支持"三农"工作的重要战略举措，是实现农业稳产高产，提高农业整体效益的重要手段，也是新时期农业综合开发及保障国土事业健康发展的重要历史使命，具有重大的现实意义和深远的战略意义。

在村庄规划过程中，要以《国家农业综合开发高标准农田建设规划》及各级国土空间规划为指导，加大村庄范围内高标准农田的建设力度，解除制约本村农业生产的关键障碍因素，抵御自然灾害能力显著增强，农业特别是粮食综合生产能力稳步提高，达到旱涝保收、高产稳产的目标；农田基础设施达到较高水平，田地平整肥沃，水利设施配套、田间道路畅通；因地制宜推行节水灌溉和其他节本增效技术，农田林网适宜，区域农业生态环境改善，可持续发展能力明显增强；推广优良品种和先进适用技术，农业科技贡献率明显提高，主要农产品市场竞争力显著增强；建设区达到优质高产高效的目标，取得较高的经济、社会和生态效益。同时，应补齐农田基础设施短板，满足现代化农业生产需求，高标准建设农田、提升耕地质量，为保障国家粮食安全、促进乡村振兴夯实基础。

13.2.2 村庄道路系统规划

村庄道路是指用于农业物资运输、农业耕作和满足其他农业活动的需要的道路，包括村道、田间道和生产路等。村庄道路规划需明确村庄道路等级、断面形式和宽度，提出现有道路设施的整治改造措施；确定道路及地块的竖向标高；提出停车方案及整治措施；确定道路照明方式、杆线架设位置；确定交通标志、标线等交通安全设施位置；确定公交站点的位置。具体规划方向包括以下几个方面：

（1）村道

农村公路是国家公路网的重要组成部分，是保障农村社会经济发展最重要的基础设施之一。农村公路包括县道、乡道和村道三个层次。农村公路建设应坚持"规划先导、因地制宜、量力而行、分步实施"的基本原则，走可持续发展之路，合理利用土地资源，注重环境保护，结合村镇综合整治，改善农村的交通和生产生活环境。

在村庄规划过程中，要确保每个行政村至少有一天连接乡镇公路的村道，居民点之间道路连接顺畅无阻，连接路面实现 100% 硬底化。村道路面宽度双车道路面宽度应不小于 6m，单车道路面宽度应不小于 4m。采用单车道路面的，单侧路肩宽度应不小于 0.75m。

（2）田间道与生产路

田间道与生产路是为满足农业物资运输、农业耕作和其他农业生产活动的道路。田间道路主要通行农用汽车、畜力车及拖拉机，车速较低，转弯半径不能按公路或市政道路标准。其主要考虑满足田块形状、农业耕作、货物运输，作业机械向田间转移及为机器加油、加水、加种等生产操作过程服务等因素。道路设计以直线为主，路宽宜为 3—4m。

田间道路建设分干道、支路两级，布局合理，顺直通畅。干道要与乡、村公路连接，必要时进行简易硬化，保证晴雨天畅通，东北地区的干道能满足大型农业机械的通行，其他地区能满足中型农业机械的通行；支路应配套桥、涵和农机下田（地）设施，便于农机进出田间作业和农产品运输。田间道路建设突出节约土地的原则，建设标准合理实用。田间道的路面宽度宜为 3—6m，道路通达度平原区应不低于 95%，丘陵区应不低于 80%。田间道路设施使用年限不少于 15 年，完好率大于 95%。生产路的路面宽度宜为 3m 以下，在大型机械作业区，田间道的路面宽度可适当放宽。

（3）停车场设置

村庄内停车位应灵活设置，方便出入，充分利用村庄内部的零散空地，并与道路、建筑景观设计相结合，地面铺装尽量采用生态化铺装。

13.2.3 农田水利基础设施规划

农田水利基础设施包括灌溉水源、输配水、排涝、抗旱等设施，具体包括灌溉水井、渠道、泵站及其田间构筑物，排涝用的排水沟道、农田桥、涵、排水闸、排水站及抗旱用的水源设施等。

（1）水源规划

农业生产水源主要是指水库工程或者水井。水库以灌溉功能为主，结合养殖、水土保持、防洪调节、发电等功能。包括水库有山谷水库、平原水库、地下水库等，一般都由取水装置、挡水坝、泄洪口、放水设施等水工建（构）筑物组成。这些建（构）筑物各自具有不同作用，在运行中，又相互配合形成水利枢纽。

水库建设规划是一个专业性比较强的专项规划，通常应在流域规划、地区水利规划或有关专业水利规划的基础上进行。其主要任务是进一步对工程建设条件进行分析研究，从技术、经济、社会、环境等方面论证其可行性，并推荐出最优方案。

在村庄规划过程中，要优先选择就近的现有水库作为本村水源，任何新建水库的选址都至关重要，必须进行充分的规划论证，除必须对采用的水文资料、地质资料、水力计算、水工结构分析等方面的可靠性进行评价外，还要对某些自然因素、人为因素可能带来的风险进行评估。

（2）输配水设施

农业输配水设施主要是指灌溉水渠。在村庄规划中，灌溉水渠应合理划分渠道等级，在充分考虑地形地貌特征的基础上，选择合理的渠道走向，降低工程施工难度。确保灌溉系统完善，灌溉用水有保证，灌溉水质符合标准，灌溉制度合理，灌水方法先进。新建、除险加固和更新改造的小型水库、塘坝及引水渠首等工程，符合国家和水利行业的技术规范规定的设计标准和技术要求；井灌工程做到地下水资源合理利用、采补平衡；机井和泵站的水工建筑物、机电设备、输变电设施配套齐全，综合装置效率达到有关规范标准。输水、配水渠系（管道），桥、涵、闸等建筑物和田间灌溉设施配套齐全，性能与技术指标达到规范标准。

此外，在作物种植等生产过程中要积极推广各种适用节水和旱作农业技术，推动提高用水效率。有条件地区，应积极采取膜下滴灌、喷灌等先进高效节水技术；灌溉条件较差的旱作农业区，应采取农艺、工程等旱作农业节水措施提高天然降水的利用率。灌、排等工程设施使用年限不低于15年。田间灌、排工程及附属建筑物配套完好率大于95%。

（3）排水工程

村庄排水应充分利用天然排水河沟，尽量按照高水高排、低水低排的原则，利用重力流自排方式排水。防洪排涝设计标准应符合有关规定，设计暴雨重现期不少于 10 年。设计暴雨历时和排出时间应达到：旱作区 1~3 天暴雨 1~3 天排除；稻作区 1~3 天暴雨 3~5 天排至耐淹水深。排水系统健全，排水出路通畅，排水渠系断面及坡度设计合理，桥、涵、闸等建筑物配套，性能与技术指标达到有关规范要求，末级固定排水沟的深度和间距，符合当地机耕作业、农作物对地下水位的要求。

有渍害的旱作区，在设计暴雨形成的地面明水排除后，应在农作物耐渍时间内将地下水位降到耐渍深度；水稻区在晒田期 3 天内将地下水位降到耐渍深度。改造盐碱地要建立完善的排灌系统，在返盐（碱）季节前将地下水位降到农作物生长的临界深度以下。

13.3 农业生活性基础设施规划

农业生活性基础设施主要指保证农民生活而提供的公共服务设施如饮水安全、农村沼气、农村电力等基础设施。

13.3.1 村庄饮水安全规划

合理确定农村给水方式、供水规模，提出水源保护要求，划定水源保护范围；确定输配水管道敷设方式、走向、管径等。村庄给水方式分为集中式和分散式两类。村庄距离城市或集镇较近时，应按照经济、安全、实用的原则，优先选择由城市或集镇集中供水，进行配水管网延伸供水；村庄距离城市或集镇较远时，应建设给水工程，联村、联片供水或单村供水。无条件建设集中式给水工程的村庄，可选择手动泵、引泉池或雨水收集等单户或联户分散式给水方式。分散式给水应加强对水源（水井、水池、水窖、手压机井等）的卫生防护，以取水井为中心，一级保护区以外溶质质点迁移 100d 圈定的范围划定为一级保护区，溶质质点迁移 1000d 圈定的范围划定为二级保护区，并设立保护界标，达到安全饮水标准。整治后生活饮用水水量标准不应低于 40—60L/（人·d）。

13.3.2 村庄排水设施规划

对于村庄，应因地制宜地制定科学实效的排水设施规划，充分利用村庄现有的河流、小溪、明渠等自然资源优势，避免盲目建设灰色设施。首先需确定雨污排放和污水治理方式，提出雨水导排系统清理、疏通、完善的措施；提出污水收集和处理设施的整治、建设方案，提出小型分散式污水处理设施的建设位置、规模及建议；确定各类排水管线、沟渠的走向、横断面尺寸等工程建设要求。年均降雨量少于600毫米的地区可考虑雨污合流系统，雨污合流的村庄应确定截流井位置、污水截流管（渠）走向及其尺寸。同时，应综合考虑当地的自然条件、相关规划以及环境保护，结合村庄的污水量、水质、所接纳的水体以及原有的排水设施来选取适合的排水体制。位于城镇污水处理厂服务范围内的村庄，应建设和完善污水收集系统，将污水纳入城镇污水处理厂集中处理；位于城镇污水处理厂服务范围外的村庄，应联村或单村建设污水处理设施。污水处理设施应选在村庄下游，并应靠近受纳水体或农田灌溉区。村庄雨水排放可根据地方实际采用明沟或暗渠方式。排水沟渠应充分结合地形，以雨水及时排放与利用为目标，或就近排入池塘、河流或湖泊等水体，或集中存储净化利用。新型农村社区排水工程建设，原则上采用"雨污分流"制。

13.3.3 农村沼气利用规划

沼气是有机物质在厌氧环境中，在厌氧（没有氧气）条件下发酵，经过微生物的发酵作用转化而成的一种可燃气体。沼气主要是通过人畜粪便、秸秆、污水等各种有机物在密闭的空间内发酵而成。在新农村建设过程中，鼓励推广建设沼气池，产生的甲烷可以燃烧，用于照明、取暖等，是一种清洁的能源，有利于改善农村卫生条件、减少环境污染、改变能源结构，促进农民增收节支。

（1）沼气发展成就

沼气在中国发展历史悠久，在农村地区取得了很好的成就。一是增强了能源安全保障能力，广泛使用沼气炊事，促进了农村家庭用能清洁化、便捷化、优化能源结构、改善大气环境，在增强国家能源安全保障能力方面发挥了积极作用。二是推动了农业发展方式转变，以沼气工程为纽带发展养殖业和种植业循环模式，不仅有效防止和减轻了畜禽粪便排放和化肥农药过量施用造成的面源污染，而且对提高农产品质量安全水平，促进绿色和有机农产品生产，实现农业节本增效成果显著，是促进生态循环农业发展的重要举措，在加快转变农业发展方式上起着重要作用。三是促进了农村生态文明发展，农村沼气实现了畜禽养殖粪便、秸秆、有机垃圾等农业农村有机废弃物的无害化处理，并对沼气资源循环利用，缓解了困扰农村环境的"脏乱差"问题。农户建设沼气池，并改造厨房、厕所、猪圈等基础设施的配套，改善了家庭卫生条件和人居环境。适应了新时代广大农民对美丽宜居乡村建设的新要求。沼气的发展在处理农业废弃物、供给清洁能源、改善农村环境、助推循环农业发展和新农村建设等方面起到了积极作用。

（2）优化农村沼气发展结构

针对不同村庄的资源状况和环境承载力，按照全产业链总体设计、统筹谋划，优化农村沼气发展结构和建设布局。向规模沼气转变发展，由单一功能向多功能转变，由单个环节向原料保障、厌氧发酵、沼气沼肥利用、运营监管以及社会化服务全产业链一体化体系推进转变，培育沼气工程终端产品多元化利用市场，通过高效利用，实现商品化、产业化。考虑原料来源、运输半径、资金实力、产品销路等因素，配套建设原料基地，推广中高温高浓度混合原料发酵工艺以及沼气提纯等先进技术，结合果（菜、茶）园用肥需求和布局，推动发展生态循环农业。

（3）提升三沼产品利用水平

推进沼气高值化利用。稳步发展农村集中供气或分布式撬装供气工程，促进沼气和生物天然气更多用于农村清洁取暖，提高沼气利用效率。

推动沼肥高效利用。大力开展沼渣沼液生产加工有机肥、基质、生物农药等多功能利用，试点推广植物营养液、生物活性制剂等高端产品，推广以农村有机生活垃圾作为沼气原料生产沼肥，提高沼气项目综合效益。

推广沼气循环利用。在农业种植优势区，开展沼气工程配备沼肥生产设备，配套沼肥暂存调配设施以及园区储肥施肥设施设备、沼肥运输和施用机具、沼液田间水肥一体化灌溉设施建设，使沼气工程有效连接畜禽养殖和高效种植，实现沼肥充分高效利用，保障优质农产品生产。

13.3.4 村庄供电设施规划

村庄供电规划应以上位国土空间总体规划和电力专项规划为依据，根据村庄的实际情况，进行包括预测村庄范围内的供电负荷，确定电压等级，布置供电线路，配制供电设施等工作。

村庄供电设施规划首先预测供电区内的生产、生活用需求进行负荷预测，再根据负荷和电源及变、配电设施的分布、规模确定供、用电力电量等指标，重要公用设施、医疗单位或用电大户应单独设置变压设备或供电电源。

其次从安全距离和村庄景观方面综合考虑确定供电管线走向、电压等级，并设置高压走廊的防护隔离带，线路走廊应避免穿过村镇住宅、森林、危险品仓库地段，减少交叉、跨越，避免对弱电的干扰；提出现状及新增的电力杆线整治方案，供电线路的布置应符合以下要求：宜与道路走向结合布置；高、低压线路宜同杆架设。

13.4 农村社会发展服务设施规划

农村社会发展服务设施主要指有益于农村社会事业发展的基础建设，包括农村义务教育、乡村卫生院、图书馆、通信覆盖等基础设施。对农村社会发展服务设施规划，需要依据上位国土空间总体规划和相关专项规划的要求，结合村庄的人口规模和发展实际，坚持城乡公共服务均等化的原则，对标村庄周边城镇的基本公共服务水平，参考《乡村公共服务设施规划标准》（CECS354：2013）相关标准，提出村庄基本公共服务设施的配套标准和布局措施。中心村的公共服务设施应按其服务人口进行配置，并考虑所辐射区域的服务人口，并应考虑与相邻村公共服务设施共享。村庄社会发展服务设施规划应靠近中心、方便服务，结合自然环境、突出乡土特色，满足防灾要求、有利人员疏散。

13.4.1 村庄教育设施规划

村庄教育设施应结合村性质、规模、经济社会发展水平、居民经济收入和生活状况及周边条件等实际情况，按照乡驻地与一般村进行差异化布局。

（1）乡驻地村庄教育设施

乡驻地教育机构设施应结合乡驻地性质、规模、经济社会发展水平、居民经济收入和生活状况及周边条件等实际情况，按表13-1分析比较选定。

表 13-1　乡驻地教育机构设施项目配置

项目名称	设置级别			
	特大型	大型	中型	小型
职业中学	○	○	○	○
高中	●	○	○	○
初中	●	●	○	○
小学	●	●	●	○
幼儿园、托儿所	●	●	●	●

注：1 ●——应设的项目；○——可设的项目；

　　2 表列项目视不同乡驻地具体情况可适当调整。

教育机构设施选址应符合下列规定：教育机构设施应独立选址。学校、幼儿园、托儿所用地，应设置在阳光充足、环境安静、远离灾害和污染，以及不危及学生、儿童安全的地段。距离铁路干线应大于 300m，主要入口不应开向公路。乡驻地教育机构设施用地面积指标宜符合表 13-2 的规定。

表 13-2　乡驻地教育机构设施用地面积指标

公共服务设施用地类别	分类用地面积指标（m²／人）			
	特大型	大型	中型	小型
教育机构类设施用地	1.5～2.5	1.2～1.8	1.0～1.5	0.8～1.2

（2）一般村基础教育设施

表 13-3　一般村教育设施项目配置

项目名称	设置级别			
	特大型	大型	中型	小型
小学	●	○	○	○
幼儿园	○	○	○	○
托儿所	○	○	○	○

注：1 ●——应设的项目；○——可设的项目；

　　2 表列项目视不同村具体情况可以适当调整。

村庄教育设施选址应符合表 13-3 的规定。村教育设施用地指标宜符合表 13-4 的规定。

表 13-4　一般村教育设施用地面积指标

公共服务设施用地类别	分类用地面积指标（m²／人）			
	特大型	大型	中型	小型
教育类设施用地	0.8～1.1	0.6～1.0	0.5～0.8	0.4～0.6

13.4.2 农村环境卫生设施规划

环卫设施规划的目的是建成科学合理的垃圾清运处理系统，逐步实现环卫事业的现代化。环境卫生规划的制定要切实保障村庄生态环境优美，设施的设置应保障区域共享和居民点全覆盖。环境卫生设施的建设承担着提升居住品质及维护市容市貌的重要作用，同时促进资源共享和循环经济的理念发展。环境卫生设施的建设、废弃物收集、运输、处理及综合利用要达到文明、科学、先进的水平，以实现村庄生活废弃物处理的分类化、无害化、资源化、效益化。

（1）因地制宜确定生活垃圾收运和处理方式，合理设置垃圾收集点及配置垃圾收集桶、安排收集运输车及垃圾清扫工具；鼓励农村生活垃圾分类收集、分类后可就地处理进行资源利用，实现垃圾源头的减量。

（2）根据农村厕所革命的要求，按照粪便无害化的卫生标准对现有户厕及公厕提出整治方案；对新建户厕和公厕均需按照粪便无害化的卫生标准建设，确定位置、类型及卫生管理等要求。

（3）对露天粪坑、垃圾池等露天的垃圾堆积等存在环境卫生问题的场所提出整治方案和资源利用措施，统一设置秸秆、农机具堆放区域；设置畜禽养殖的废渣、粪便的有机肥加工。

13.4.3 其他社会发展服务设施规划

服务于乡村居民物质生活和精神生活的村庄社会发展服务设施，除了上述教育设施和环境卫生设施外，还包括行政管理、文化、体育、科技、医疗卫生、社会福利、集贸市场等商业服务设施。村庄公共服务设施规划应通盘考虑村域范围的服务职能，并综合考虑人口规模和服务半径配置村庄公共服务设施。村庄公共服务设施应根据村庄总体布局和公共服务设施不同项目的使用性质配置，宜采取集中与分散相结合的规划布局。

村庄公共服务设施用地规划应结合各地的实际情况制定地方标准，按照村庄的性质、类型、通勤人口和流动人口规模、经济社会发展水平、潜在需求、周边条件、服务范围及其他相关因素选用。总体上，村庄公共服务设施的配置以重点村（乡驻地）为主、一般村公共服务设施应满足村民基本生活和需要，具体配套要求见下表。

表 13-5　重点村公共服务设施配置一览表

需求类型	设施名称	配置标准
刚性需求	村委会	村域共享
	公共服务中心	村域共享
	小学	参考 13.4.1 内容
	幼儿园	参考 13.4.1 内容
	卫生室	占地面积不小于 200 平方米，可以与公共服务中心共建
	图书室	可以与公共服务中心共建
	文化活动室	建筑面积不少于 80 平方米，占地面积不小于 200 平方米，可以与公共服务中心共建
	养老设施	村域内共享，按照 1.5—3 床 / 百人的标准配置
	健身活动场地	人均面积不少于 0.4 平方米，总面积不小于 300 平方米，与公共服务中心广场、农民文化活动中心结合
弹性需求	便民超市	配置标准化超市，面积不低于 200 平方米
	邮政网点	可以与公共服务中心共建
	农资店	可以与公共服务中心共建
	乡村金融服务网点	可以与公共服务中心共建
	农贸市场	可以与公共服务中心共建
	特色活动场地	可以与公共服务中心共建

注：刚性需求的公共服务设施，在规划方案中明确用地面积或建筑面积等控制指标，可结合房屋现状进行使用功能改造，新建项目需要明确项目选址并划定建设红线。弹性需求项目给予建设标准指引。

资料来源：根据顾朝林等，新时代乡村规划，2018，有调整

第 14 章　村庄生态环境规划

生态环境规划（Ecological Environmental Planning）是指从源头预防环境污染和生态破坏，促进经济、社会和环境的全面协调可持续发展，而对自身活动和环境所做的时间和空间的合理安排。它是以社会经济规律、生态规律、地学原理和数学模型方法为指导，结合产业、土地利用、人口、经济格局研究社会经济与环境生态系统在一个较长时间内的发展变化趋势，统筹安排各项生态保护与修复措施，并根据生态框架布局对城市开发强度实施分级控制的一种科学理论和方法。实质上是在城市发展过程中运用生态系统学的表征状态，控制经济社会发展的变量和其他参变量的科学决策活动。村庄作为一个具有长久发展历史的人类聚落，具有根深蒂固的村落生态体系，村庄规划中的生态环境规划一般包括生态环境治理规划、污染防治规划、生态景观规划、生态修复与保护以及生态经济设施建设规划几个方面。

14.1 村庄环境治理规划

居民生活环境与农村发展规划唇齿相依，随着城镇化进程的加快，农村生活水平也不断得到提升，同时也带来了工厂生产、生活垃圾收集处理不规范等行为导致的环境污染问题，高消耗、高污染、低效率的发展模式在农村地区日益明显。在追求农村高质量发展的同时，如何保护生态环境、促进生态文明建设，是实现经济与环境协调发展的必然要求。加强农村生活环境治理工作，针对不同村庄条件制定差异化的生态环境目标，实施专项治理。让生态环境建设水平与全面建成小康社会目标相适应，是促进农村经济社会可持续发展、建设生态文明的必然要求。

生活环境治理规划首先需要加强农村生活环境治理顶层设计，建立健全农村生活环境治理体系，明确农村生活环境治理发展路径。中共中央办公厅、国务院办公厅印发了《农村人居环境整治三年行动方案》，要求以建设美丽宜居村庄为导向，以农村垃圾、污水治理和村容村貌提升为主攻方向，动员各方力量，整合各种资源，强化各项举措，加快补齐农村人居环境突出短板。主要工作内容包括：

14.1.1 村庄污水垃圾治理

随着农村经济的发展，农村环境问题成为各方普遍关注的现实问题。农村环境污染主要包括水环境污染、生产污染和生活污染。其中，生活污染是农村居民日常生活或为日常生活提供服务过程中产生的生活污水、生活垃圾、粪便和空气污染。除生活垃圾外，包括畜禽粪便垃圾和农作物秸秆废弃物的农业生产型垃圾，也是农村垃圾治理的重要领域。

（1）推进农村生活垃圾治理

农村地区因区域面积大、运距远、量少等原因，农村垃圾处理成本远高于城市垃圾。统筹考虑生活垃圾和农业生产废弃物利用、处理，建立健全符合村庄实际、方式多样的生活垃圾收运处置体系。有条件的村庄要推行适合农村特点的垃圾就地分类和资源化利用方式。开展非正规垃圾堆放点排查整治，重点整治垃圾山、垃圾围村、垃圾围坝、工业污染"上山下乡"。农村垃圾处理要坚持"户分类、村收集、镇转运、县处理"的原则，垃圾实现日产日清，有效改善农村人居环境。

在生态文明建设的背景下，农村生活垃圾定点存放清运率和垃圾无害化处理逐渐达到100%，每家每户将生活垃圾转移至村庄下沉式垃圾池，并由镇定期统一收集运转至垃圾填埋场进行处理。

图 14-1　农村垃圾处理流程

（2）开展厕所粪污治理

合理选择改厕模式，推进厕所革命。东部地区、中西部城市近郊区以及其他环境容量较小地区的村庄，加快推进户用卫生厕所建设和改造，同步实施厕所粪污治理。其他地区要按照群众接受、经济适用、维护方便、不污染公共水体的要求，普及不同水平的卫生厕所。引导村民新建住房配套建设无害化卫生厕所，人口规模较大村庄配套建设公共厕所。加强改厕与农村生活污水治理的有效衔接。各地结合实际，将厕所粪污、畜禽养殖废弃物一并处理并资源化利用。

（3）推进生活污水治理

根据农村不同区位条件、村庄人口聚集程度、污水产生规模，因地制宜采用污染治理与资源利用相结合、工程措施与生态措施相结合、集中与分散相结合的建设模式和处理工艺。排水沟渠的通畅，对农村厕所，实现户户有卫生厕所。

14.1.2 村庄河道水系治理

坚持生态化、小型化、分散化原则和遵循"低投资、低能耗、简便、高效"的原则，推动城镇污水管网向周边村庄延伸覆盖，以房前屋后河塘沟渠为重点实施清淤疏浚，采取综合措施恢复水生态，逐步消除农村黑臭水体，将农村水环境治理纳入河长制、湖长制管理。

根据辖区内河流实际，按照属地负责的原则，结合河长制工作，采取集中统一行动与聘请保洁员开展日常保洁相结合，全面清理河道沟塘各类垃圾，包括生活垃圾、工业垃圾、建筑垃圾、医疗废弃物、农业生产废弃物等，确保河道、沟塘环境卫生干净整洁。

编制河道、沟塘疏浚和清畅工作方案，组织开展河道沟塘的疏浚和清畅行动，坚决拆除河道、沟塘内阻碍水系畅通、水体交换的坝头坝埂，清理河床上的固废垃圾等。全面实施河道清障，打捞白色垃圾，打通"断头河"，拓宽"卡脖河"，减少"竹节河"。对污泥深厚、致使水质发黑发臭的河道、沟塘全面实施清淤疏浚和清畅，努力实现河道清洁、河水清澈、河岸美丽。

14.1.3 提升村容村貌

推进通村组道路、入户道路建设，基本解决村内道路泥泞、村民出行不便等问题。充分利用本地资源，因地制宜选择路面材料。整治公共空间和庭院环境，消除私搭乱建、乱堆乱放。大力提升农村建筑风貌，突出乡土特色和地域民族特点。加大传统村落民居和历史文化名村名镇保护力度，弘扬传统农耕文化，提升田园风光品质。推进村庄绿化，充分利用闲置土地组织开展植树造林、湿地恢复等活动，建设绿色生态村庄。完善村庄公共照明设施。

深入开展农村环境卫生整洁行动。

按照规划要求，在村庄原有建筑风格上，确定其整体风貌，对已进行建筑立面整治的建筑进行保留并适当地修复，对于不符合规定要求的建筑进行改造或拆除。村庄坐落应与自然环境协调，村庄的空间布局应体现地域风貌，建筑风格以体现地方特点为主。对村内危房进行全部改造。对建筑质量非常差或者建筑风貌与周边不相协调的建筑进行拆除。原有住房及新建住房必须满足结构安全，功能健全，以及院落内外及院墙、大门整洁。新建建筑风格、色调等与村庄整体风格保持一致，保证整体风貌的协调统一。

14.2 村庄污染防治规划

当前农村环境安全问题突出，具体表现在污水未分类集中处理、垃圾未集中收集处理、农业工业企业生产环节产生的污染源等方面，农村污染防治工作任重道远。

14.2.1 村庄污染防治原则

根据村庄发展的实际，村庄污染防治包含以下几个原则：

（1）防治结合，预防为主

区分农村污染类型和特点，重点建立环境污染预防机制，坚持防治结合，预防为主。在防的方面，加强环境规划和生产管理；在治的方面，考虑各种治理技术措施的综合利用。通过抓好源头预防、过程控制、废弃物资源化利用及末端治理，进行环境污染综合治理。

（2）统筹规划，突出重点

农村环境问题成因复杂，难以在短期内解决，必须进行近远期、城乡间的统筹规划，优先解决村域内影响面大、矛盾突出的环境问题，分步实施，逐步推进。

（3）因地制宜，分类指导

结合实际，按照各地自然生态条件和经济社会发展水平，采取不同的农村环境污染防治对策和措施。积极探索适合不同区域村庄特点的治理技术，不断提高治理成效。示范引导，整体推进。

（4）依靠科技，创新机制

加强农村环保适用技术研究、开发和推广，充分发挥科技支撑作用，以技术创新促进农村环境污染问题的解决。积极创新农村环境管理政策，优化整合各类资金，建立政府、企业、社会多元化投入机制。

（5）政府主导，公众参与

发挥各级政府的主导作用，落实政府保护农村环境的责任。维护农民环境权益，加强农民环境教育，建立和完善公众参与机制，鼓励和引导农民及社会力量参与、支持农村环境保护工作。

14.2.2 村庄污染防治内容

随着物质生活水平的提高及人们对美好的生活向往，农村环境整治越来越得到重视，生态环境部也提出要建立大气、水和土壤污染防治和农村环境整治项目储备库。村民也逐渐加深了对生态环境的认识，意识到了生态环境没有替代品，生态环境的好坏影响着村民的生活质量、农产生产及旅游业的发展。对大气、水和土壤污染防治是一项复杂庞大的系统工程，面对大气、水和土壤的污染防治方面的环境问题，需统筹规划，协调各部门在规划、建设、监管等环节深入生态文明建设。

村庄污染防治工作内容包括：一是保护农村饮用水水源，保障农村饮水安全；二是建立生活垃圾、生活污水体系，改善农村人居环境；三是加强工业污染防治，引导农村工业集中发展和对工业废水进行处理，达到排放标准；四是加强农业生产污染防治，有效控制农业面源污染；五是开展土壤污染治理，保障农产品质量安全；六是加强村庄规划和管理引导，保护农村生态环境，营造和谐、干净、舒适的人居环境。

14.2.3 村庄污染防治重点

村庄污染防治重点要针对农村生产活动造成的农业面源污染制定明确的整治方案和措施，对化肥、农药、禽兽粪便、农膜等主要污染源进行具体控制，具体方法如下表：

表 14-1　村庄污染防治工作重点

污染源类型	污染特点	治理措施
化肥农药污染	单位面积施用量极大，利用率低，容易造成土壤、水资源和农产品的污染	减少化肥农药用量，采用生物防治技术；科学施肥，增施有机肥、生物肥

续表

污染源类型	污染特点	治理措施
禽畜粪便污染	规模化养殖极易造成重大危害，主要造成水体富营养化	推行科学养殖技术、规模化经营，集中配置污染物治理设施
农膜污染	使用规模大，残留量大，不易降解，影响土质和植物生长	引进生物农膜技术，机械化回收，制定农膜回收优惠政策

资料来源：根据顾朝林等，新时代乡村规划，2018，整理。

14.3 村庄生态景观规划

村庄生态景观是在生态文明建设过程中的美丽乡村建设的主要内容之一，直接关系村民的生活质量。生态景观规划是在景观地理环境、生态学理论的基础上，结合相关学科理论，对乡村景观要素进行整体规划与设计的过程，为人们营造出舒适的人居环境。规划过程需要强调以人为本、保护生态环境、挖掘传统文化，从而为当地带来生态、经济、社会效益。乡村景观规划是把乡村各种景观要素结合起来考虑，从景观整体上解决乡村地区社会、经济和生态问题。在景观规划设计中，把景观作为一个整体单位来考虑，从景观整体上协调人与自然、社会、环境的关系，生物与生物、生物与非生物以及生态系统之间的关系，解决实际的景观问题[①]。

14.3.1 保护环境敏感区

环境敏感区是指依法设立的各级各类保护区域和对建设项目产生的环境影响特别敏感的区域。主要包括生态保护红线范围内或者其外的下列区域：（1）自然保护区、风景名胜区、世界文化和自然遗产地、海洋特别保护区、饮用水水源保护区；（2）基本农田保护区、基本草原、森林公园、地质公园、重要湿地、天然林、野生动物重要栖息地、重点保护野生植物生长繁殖地、重要水生生物的自然产卵场、索饵场、越冬场和洄游通道、天然渔场、水土流失重点防治区、沙化土地封禁保护区、封闭及半封闭海域；（3）以居住、医疗卫生、文化教育、科研、行政办公等为主要功能的区域，以及文物保护单位。

---

① 张泓.尤溪县半山村"美丽乡村"景观规划设计研究［D］.福建农林大学，2016.

打造乡村生态景观，从生态学的角度考虑，以保护生态资源为前提，重点关注并优先保护环境敏感区。在规划设计景观时必须高度重视环境敏感区，经过分析调查后，准确评估环境敏感区的位置范围及环境容量，充分认识环境敏感区的特点，从而制定科学合理的保护措施，合理开发利用，有条件的以最突出的形式将其景观资源表现出来，强化对环境敏感区的保护。

14.3.2 完善景观结构

针对不同地区的生态景观资源，充分利用当地的河流、林地、山地、绿地等生态资源，提出打造斑块、廊道、基质景观空间结构，突出层次性和保障其完整性，确定规划实施方案，制定详细措施，促使规划方案的全面实施。

14.3.3 注重文化特色

在对村庄进行生态景观规划建设的过程中，应有效结合当地的村落布局方式和村庄历史文化，融合当地的建筑元素。同时，顺应自然地形，合理利用现有池塘、植被等，合理布置绿地、开敞空间、文化和健身设施，尊重并融合于自然，营造具有乡村特色的村貌景观和乡村公共空间。景观规划设计的过程中，同时也伴随有土地需求与土地利用规划，在开发使用土地时应考虑与自然肌理之间的协调关系，使得人类活动不会和自然演变规律产生抗衡，而是相互依存、共同发展。

14.3.4 生态工程方法

在进行景观创造的过程中，传统方法主要是通过人工手段进行景观改造，新的景观可在短期内得以展现，同时也意味着需要消耗大量的人力和能源进行长期运营维护，以保证长期有效地实现景观效果。

生态工程方法则是主要运用生态系统中的生物循环原理，发挥生态多样性对环境的能动性，用最优的配置方法设计景观层级，同时实现景观效益与生态保护。在工程设计方案中将游憩与生态结合，提升生态景观建设的游憩、休闲、观赏等功能，植被的配置应综合考虑乔木、灌木、草本植物的搭配，为维护生态多样性提供"栖息环境"。建立栖息环境，有利于完善生态系统的多样性和功能，同时意味着人工的低度管理和景观资源的永续利用，获得景观生态可持续发展。

14.4 村庄生态修复与保护规划

地球上现存自然生态系统，包括森林、草原、荒漠、湿地、河湖水域、海洋，大多处在不同的退化阶段，因而，需要不同的对待和处置，针对不同的地区与发展情况进行村庄生态修复与保护规划。生态修复既具有恢复的目的性，又具有修复的行动意愿，村庄生态修复既是村庄生态环境规划建设的一个重点内容，也是当前自然资源和城乡建设领域落实"人与自然是生命共同体"和"绿水青山就是金山银山"理念要求的重要工作内容。

14.4.1 生态修复的理念

生态修复须根据生态文明建设的理念，以建设美丽中国为目标，针对受到干扰或毁害的生态系统，遵循生态学的原理，以自然修复为主，人工规划设计生态修复工程建设为辅，优化调整国土要素的空间结构，遏制生态系统进一步恶化，使得生态系统逐步恢复为有利于人类可持续利用的方向。正确处理人类社会与区域生态系统的协调性问题，以解决生态环境领域突出问题为导向，保障国家生态安全。

生态修复要坚持节约优先、保护优先、自然恢复为主，人工修复相结合的基本方针。生态修复要为自然资本增值，全面增进生态系统的服务功能；维护好山水林田湖草这个生命共同体，按照系统论的观念进行综合治理。树立尊重自然、顺应自然、保护自然的理念；树立发展和保护相统一的理念；树立绿水青山就是金山银山的理念；树立自然价值和自然资本的理念；树立空间均衡的理念；树立山水林田湖草是一个生命共同体的理念。

14.4.2 生态修复的要素类型

以村庄国土空间生态安全格局整体保护为目标，村庄生态修复的对象要素有"两体（山体、水体）两地（绿地和棕地）"四类要素。

（1）山体

以矿山为代表的山体是生态修复的重点要素类型，在工业化过程中，为了满足工业化对矿产资源的需求，一些矿产资源丰富地区的村庄内山体因采矿或者其他原因遭到开挖或短轮伐，生态、景观功能下降，生态服务功能不足。随着矿产资源的枯竭，这些受破损的山体未能得到及时的修复，进一步影响了区域生态环境的自我修复和循环。

（2）水体

小而散的"村村点火，处处冒烟"的乡村工业化给乡村带来经济收入增长的同时，也给村庄的水体环境造成了不可避免的污染。中国大部分地区的村庄水环境问题都较为突出，系统治水缺乏长效机制，因此，村庄水体也是生态修复的重点对象之一。

（3）绿地

多数村庄绿地系统不完善，生态建设品质较低。村内结构性绿地缺失，生态廊道、重要生态节点建设滞后，村庄绿地布局不均衡，村庄的生态服务功能缺位。

（4）棕地

棕地是指工业用地，乡村工业化下的棕地布局分散，这些废弃或时间久远的棕地往往存在地灾隐患及环境污染问题，场地开发利用与棕地治理修复机制有待完善。

14.4.3 生态修复的策略

根据村庄待修复的生态基地，可以实行"育青山、清绿水、焕绿地、修棕地"四大策略，有效修复被破坏的各种生态要素，提升村庄整体生态环境质量。

（1）育青山

首先，进行山体功能区划分，基于多源数据时空分析，识别山体范围，分类评价山体生态功能，划分山体生态保育区、山体水源地保护区等分区，分区指定保护政策；其次，分类开展山体修复与利用，综合治理石漠化，修复小水电流域生态环境，分类修复村内受损山体等；最后，优化山体群落结构，推进生态保护区内林业种植结构调整，构建多树种多材种森林培育体系，保护和重塑山体生物多样性。

（2）清绿水

首先，对村庄水域进行水体流域分区，依托自然流域结合用地和道路规划布局、雨水管网布置，划分水域分区，并提出分区的保护策略；其次，提升流域水安全，构建多维系统耦合的防洪排涝体系，管控水域上游面源、工业源污染，提升饮用水水源安全；再次，分类修复流域水环境，基于生命共同体的生态理念，通过采取控源截污、内源治理，活水补给、增强自净，增氧富氧、水质净化等措施，推进流域水环境修复。针对不同分区的水体污染特征，分别提出应对策略。包括控源截污、内源治理；活水补给、增强自净；增氧富氧、水质净化等方式，完善流域水生态功能。

（3）焕绿地

依托村庄的生态安全格局，划分生态廊道、生态节点、生态服务等分区，并提出相应的分区管理策略。如加强生态廊道沿线绿地建设，构筑通风廊道格局，提出生态绿楔及通风廊道控制要求，提高生态系统连通性；建设外围联系节点、大型生态节点、廊道交汇节点、内河河口节点，修复节点绿地，提升生态服务功能和生物多样性。通过绿地建设需求分析和绿地现状供给分析，识别绿地提升重点区域，指导绿地提升项目落实。

（4）修棕地

以棕地所在的矿产开采分区、重点片区为主要评价单元，划分生态改造区、生态维持区、生态恢复区，明确开发与保护需求情况。以功能分区进行需求分析，从土地供应能力进行供给分析，两者耦合，明确高中度利用、中低度利用、保护或低度利用、保护等四类修复目的。针对每类棕地特点，从地灾整治、污染治理、生态恢复、土地再利用四个方面开展棕地修复。对于侧重后续利用的棕地，通过污染物有效去除，人工修复，打造村庄公共空间或农用、林用；对于以保护为主的棕地，通过降低污染物流动性，令其自然修复，不进行开发利用。

第 15 章　村庄文化建设规划

文化一词在西方来源于拉丁文 cultura，原义是指农耕及对植物的培育。在中国古代，"文"指文字、文章、文采以及礼乐制度、法律条文等。"化"是教化的意思。从社会治理的角度看，文化是指以礼乐制度教化百姓。汉代刘向在《说苑》中说："凡武之兴，谓不服也，文化不改，然后加诛。"在现代语意中，"文化"一般是指称人类在长期生活和实践中发展形成各种社会关系等因素构成的总和，包括意识形态和非意识形态。乡村是乡愁的核心载体，乡村文化体现的是乡村在长期从事生产和生活的过程中的生活方式、生产方式等的展现，是乡村归属感、亲和力和自豪感的表现，是永远不过时的文化资源和资本，是以乡村文化推动乡村振兴的内生动力。

乡村振兴，既要塑形，也要铸魂。传承优秀文化基因，将文化精髓贯穿于乡村振兴各领域、全过程，是实现乡村全面振兴的根本依托。实施乡村振兴战略，需要不断加强乡村文化建设，提升村民的乡村文化自信，焕发乡风文明新气象。村庄的文化建设包含村庄的历史文化建设和村庄的精神文明建设，包括物质文明、精神文明、生态文明，它们是村庄发展与建设的重要内容。随着村庄经济发展水平的提高，村庄文化建设的重要性日益凸显，需要通过规划引领，保护传统村落的历史格局、街巷空间、建筑风貌、生活习俗和非物质文化等历史文化元素传承发展地方习俗和文化传统，同时适应生态文明时代的发展趋势，积极建设村庄现代文化。

15.1 村庄传统文化活化利用规划

产业兴旺是乡村振兴的重要基础，坚持传承优秀文化，引导乡村文化振兴，立足乡村文明，吸取城市文明及外来文化优秀成果，在保护传承的基础上，创造性转化、创新性发展，不断赋予时代内涵、丰富表现形式。切实保护好原有的乡村特色文化，利用现代化的各种形式和手法，采取丰富多彩的活动，让村民重新记起独特文化，并形成难以忘记的珍贵记忆，赋予乡村文化标志。

15.1.1 村庄传统文化类型

中国乡村传统文化具有悠久的历史，是中华文明 5000 多年丰硕成果根本的创造力之源，是中华民族历史上道德传承、文化思想、精神观念形态等各类物质和非物质文化的总和。在村庄规划中，根据传统文化的外在形式，可以分为物质文化和非物质文化两大类型。

（1）物质文化

物质文化是指人类创造的物质产品，包括生产工具和劳动对象等。物质文化来源于生产技术和社会经济活动的组织方式，通过经济、社会、金融和市场的形式显示出来，包括饮食、服饰、建筑、交通、生产工具以及乡村、城市等。

乡村物质文化包括传统古村落、传统建筑、农耕工具、生活器具、服饰以及艺术品等，是乡村物质文化的外在表现形式，可以具体分为：一是传统聚落类，包括乡村古建筑、传统民宿、乡村街道、特色村巷、牌坊、石窟、遗址、宗教场所等；二是农业生产类如梯田、田园景观、特色农业景观、鱼塘、运河、引水渠等；三是土地利用景观类包括人造山林、人工水系、土地利用格局等。

a) 江南水乡古韵　　　　　　　　　　b) 客家土楼风韵

图 15-1　中国古村落

图片来源：笔者自拍

（2）非物质文化

真正具有乡村文化内涵的还是乡村的非物质文化，它囊括了乡村的风俗习惯、乡民信仰、乡间道德伦理、当地特有的语言、艺术、活动以及一些其他约定俗成的东西。概括起来，它包括乡村思想道德、传统文化、公共文化和乡村风俗等内容。

乡村非物质文化是当地居民在长期发展中所创造的精神文化，包括民俗礼节、节庆习俗、传统艺术、民俗约定、宗教信仰以及古老传统的民风氛围等。国务院评定的国家级非物质文化遗产名录，分为十大类型：民间文学、民间音乐、民间舞蹈、民间美术、传统戏剧、曲艺、传统体育游艺与杂技、传统手工技艺、传统医药、民俗。根据这些非物质文化的特点和活化方向，可以细分为如下几个类型：一是精神信仰：宗教信仰、价值观念、世界观、图腾、村规民约、道德观念等；二是村民生产生活方式包括饮食文化、服饰文化、耕作方式、传统手工艺、居住习惯等；三是风俗习惯如宗教与祭祀活动、语言、节庆、庙会、礼仪、丧葬、婚嫁等文化；四是文化娱乐：文史、音乐、戏剧、民间艺术、民间舞蹈、民间杂技、艺术作品；五是历史记录如神话与传说、人物、事件、族谱、地方志等。

a）陕北安塞腰鼓   b）非物质文化遗产标识   c）苏绣

图 15-2　国家级非物质文化遗产

图片来源：文化与旅游部非遗司

15.1.2 村庄传统文化存在的问题

受"文化大革命"错误政策尤其是"破四旧"运动的影响以及改革开放以来工业化、城镇化的冲击，中国传统文化的发展遇到了较为突出的挑战，存在文化存续危机、失序危机等问题[①]。

（1）文化存续危机

随着中国现代化进程的推进，村庄传统文化受到极大的冲击，部分面临湮灭和存续危机。乡村传统特色民宅、传统公共建筑遭到不同程度的破坏，甚至逐渐消失，农村原有的一些传统节日、民俗活动渐趋式微，除了进入国家或者省市级非物质文化遗产名录的文化在政府的推动下得到一定程度的保

---

① 李国江. 乡村文化当前态势、存在问题及振兴对策［J］. 东北农业大学学报（社会科学版），2019，17（01）：4-10.

护外，很多未进入名录但又具有地域特色的非物质文化遗产的传承人断代，甚至面临失传的危机。

（2）文化失序危机

乡村文化在乡村漫长的发展过程中形成了维护乡村社会有序运行的固有秩序，主要包括生产秩序、精神秩序和行为秩序。这三种秩序构成了中国传统乡村社会千年发展的文化根基，但在现代工业文明的冲击下，目前这三种秩序均呈现不同程度的危机。一是生态秩序危机。受工业化的影响和农机作业的普及，传统乡村生态文化理念和农业生态文化智慧被舍弃，农村自然资源被不可持续性地开发利用，化肥农药过度使用，人与自然环境相互融合的生态文化秩序遭遇危机。二是精神秩序危机。受多元道德观念冲击，曾经被普遍认同的乡村社会传统道德规范日渐式微，传统民风道德不同程度地被淡化，乡村社会精神文化秩序渐趋消解。三是规范秩序危机。城镇化给乡村带来先进和富裕的同时，也在冲击着乡村原来的文化认同感，一旦失去对乡村文化的认同，邯郸学步地追随城市化的脚步，乡村本土文化就会失去特色和魅力。

15.1.3　村庄传统文化活化利用原则

随着生态文明建设进程的推进和新型城镇化建设不断加快，针对传统文化存在的紧迫问题，传统文化活化利用和保护具有重要的现实意义。在村庄传统文化活化利用过程中，应坚持规划先行、统筹指导，整体保护、兼顾发展，活态传承、合理利用，政府引导、村民参与等原则，既注重保护又注重发展，合理利用传统文化资源，通过发展更好地进行保护。

（1）原真性原则

原真性是指原来最初真实的原物以及全部原初本真的历史信息。原真性是国际公认的文化遗产评估、保护和监控的基本因素。因此，在村庄传统文化活化利用中，不管是物质文化的保护与利用，还是非物质文化的活化利用，均首先需要遵从文化的原真性原则，拒绝假古董、假传统文化等现象横行。

（2）地方性原则

越是民族的，越是世界的。民间传统文化是广大群众在长期社会生活中所创造、继承和发展而成的民族文化。跟民族中的上层文化相比，民俗文化一般具有较大的稳定性，但是不管是上层文化还是下层文化，都会随社会的发展不断变化。民俗文化是传统文化的重要组成部分，具有鲜明的地方性特征，因自然环境、气候特征、物产形态的不同而被创造和强化。因此，传统文化的活化必须坚持文化的地方性原则，切勿生搬硬套。

（3）文旅融合原则

村庄传统文化和旅游业的融合，是以乡村旅游产业为载体，通过挖掘传统文化资源要素，提升传统工艺产品质量、文化含量及科技含量，实现文化资源的市场化生产，从而产生更高的附加值和利润空间，推进传统文化的活化利用。在发展乡村旅游的同时，需高度重视传统非物质文化遗产与旅游的创新融合，最大限度地发挥非物质文化遗产的重要价值，利用展示场馆等文化场所开展传统技艺、民间工艺、民间音乐、戏曲等演艺、展示等体验进，充分发挥其文化资源的价值，打造新型文旅创意产业，保护好、利用好、传承好文化遗产，推动中华文化创造性转化、创新性发展的要求。

（4）多方参与原则

传统文化活化利用要积极引导多方力量参与。首先，政府应充分发挥主导性的作用，在规划引领、政策、资金支持、监管等方面全面把握传统文化活化利用的大方向；其次，村民是村落的主人，尤其是非物质文化遗产传承人，是传统文化的保护者、传承者。应始终坚持以村民为主体的原则，在活化利用过程中赋予村民更多发言权，广泛征询村民的建议；最后，传统文化在强调传承、保护、发展旅游的同时，必须将改善村民的生活放在重要的位置，让有技艺的工匠、文化传承人充分发挥才能，使传统文化传承后继有人。

15.1.4 村庄传统文化活化利用路径

随着社会的不断发展，人们所熟知的传统文化越来越少或者已脱离其原来的文化语境和使用场景，变成了一种"死"文化。需要结合新的时代特征和消费需求，在保证文化的原真性和地方性的基础上，重新赋予这些传统文化新时代的文化意义或使用场景，使之重新融入现代生活的过程。传统文化活化，核心是两个途径，一是给其赋予新的文化意义，二是结合新时代的生产生活需求，让文化能够被"用"起来。中共中央、国务院印发的《乡村振兴战略规划（2018—2022年）》提出了关于乡村文化繁荣兴盛的八项重大工程（见专栏15-1），对物质与非物质文化遗产的活化利用提出了基本的方向。

专栏 15-1　推进乡村文化繁荣兴盛八项重大工程

（一）农耕文化保护传承。按照在发掘中保护、在利用中传承的思路，制定国家重要农业文化遗产保护传承指导意见。开展重要农业文化遗产展览展示，充分挖掘和弘扬中华优秀传统农耕文化，加大农业文化遗产宣传推介力度；

（二）戏曲进乡村。以县为基本单位，组织各级各类戏曲演出团体深入农村基层，为农民提供戏曲等多种形式的文艺演出，促进戏曲艺术在农村地区的传播普及和传承发展，争取到 2020 年在全国范围实现戏曲进乡村制度化、常态化、普及化；

（三）贫困地区村综合文化服务中心建设。在贫困地区百县万村综合文化服务中心示范工程和贫困地区民族自治县、边境县村综合文化服务中心覆盖工程的基础上，加大对贫困地区村级文化设施建设的支持力度，实现贫困地区村级综合文化服务中心全覆盖；

（四）打造中国民间文化艺术之乡。深入发掘农村各类优秀民间文化资源，培育特色文化品牌，培养一批扎根农村的乡土文化人才，每 3 年评审命名一批"中国民间文化艺术之乡"；

（五）古村落、古民居保护利用。完成全国重点文物保护单位和省级文物保护单位集中成片传统村落整体保护利用项目，吸引社会力量，实施"拯救老屋"行动，开展乡村遗产客栈示范项目，探索古村落古民居利用新途径，促进古村落的保护和振兴；

（六）少数民族特色村寨保护与发展。选 2000 个基础条件较好、民族特色鲜明、发展成效突出、示范带动作用强的少数民族特色村寨，打造成为少数民族特色村寨建设典范。深化民族团结进步教育，铸牢中华民族共同体意识，加强各民族交往交流交融；

（七）乡村传统工艺振兴。实施中国传统工艺振兴计划，从贫困地区试点起步，以非物质文化遗产传统工艺技能培训为抓手，帮助乡村群众掌握一门手艺或技术。支持具备条件的地区搭建平台，整合资源，提高传统工艺产品设计、制作水平，形成具有一定影响力的地方品牌；

（八）乡村经济社会变迁物证征藏。支持有条件的乡村依托古遗址、历史建筑、古民居等历史文化资源，建设遗址博物馆生态（社区）博物馆、户外博物馆等，通过对传统村落、街区建筑格局、整体风貌、生产生活等传统文化和生态环境的综合保护与展示，再现乡村文明发展轨迹。

资料来源：中共中央、国务院，《乡村振兴战略规划（2018—2022年）》。

概括而言，在建设文化自信的时代背景下，传统文化的活化利用路径上需要与当下的乡村振兴进行有机结合、促进传统文化与年轻人同频共振以及赋予传统文化新的时代内涵。

（1）传统文化与乡村振兴相结合

优秀传统文化的传承与创新，是在新时期实现乡村文化振兴的重要途径，随着时代变迁与发展，使乡村文明与农民富裕相适应。改变过去对传统物质文化尤其是一些传统建筑如祠堂、古村落、名人故居等采取封闭被动保护的形式，对传统物质文化载体在科学规划的前提下，进行积极地开发利用，是对其最好的保护。优秀传统文化传承是一项系统工程，需要多方合力，积极探索传统文化与新时期乡村振兴战略相结合的路径，赋予优秀传统文化新的社会功能与文化内涵。推动传统活化利用的过程中，应积极拓展思路、创新方法、完善机制，坚持保护优先、彰显特色、统筹规划、因地制宜等原则，坚持规划先行，突出顶层设计，统筹考虑资源禀赋、人文历史、区位特点、公众需求，注重跨地区跨部门协调，与法律法规、制度规范有效衔接，发挥文物和文化资源综合效应。

（2）推动传统文化与年轻人同频共振

传统文化要得到弘扬和活化利用，需要针对现代年轻人的文化消费需求，与时俱进，不断创新，使传统文化在年轻人群体中得到传播和发展。优秀的传统文化就像一颗种子。我们可以在中国这块历史底蕴深厚的文化土壤上种下优秀传统文化的种子，但这颗种子是在现代社会土壤里生根发芽的。因此，需要新时代的阳光、空气和水，在生态文明的时代背景下，不断地与时俱进、科学创新才能使其生根、发芽，茁壮成长，最终长成枝繁叶茂的参天大树。文化的传承，除了一代代文化人执着的奉献，最重要的还在于传统文化与现实中的人能够发生联系。因此，需要通过家庭教育、学校教育共同唤起全社会对传统文化的关心与参与；另一方面，也要让传统文化融入当下年轻人喜闻乐见的主流文化领域，让传统文化更有社会影响力。

（3）赋予传统文化新的时代精神

优秀的传统文化，是中华民族的"根"与"魂"。传统文化的活化利用，需加强对传统优秀文化精神内涵的提炼升华，在新时期赋予其新的内容和新的精神价值，进一步坚定文化自信，助力文化自信建设。关键是要把传统文化融入现代文明，许多传统文化往往被束之高阁，以文化自省精神，对乡村传统文化有鉴别地对待、古为今用、守正开新、取其精华、去其糟粕、不复古泥古、把准时代脉搏、洞悉社会变迁，民族性与时代性有机统一，使中华民族最基本的文化基因与当代文化相适应、与现代社会相协调。发挥传统文化对乡村振兴的助力作用，为建设现代化新农村提供强大的精神动力。

15.2 村庄传统风貌保护规划

乡村风貌是村庄文化的一个重要表现形式，是一个村庄的山、水、林、田、民居、公共建筑最直观的呈现。

15.2.1 传统风貌保护基础理论

乡村传统风貌保护规划的基础理论之一是原乡规划理论①。"原乡"是早年的台湾客家人对于大陆故乡的称呼，原意是指一个宗系之本乡，即祖先未迁移前所居住的地方。家乡是目前居住的地方，故乡是曾经居住过的地方，原乡是祖先居住过的地方。

原乡规划理论是基于在工业化、城市化进程中，以加快发展经济为目标主导的城市规划和城市发展所产生的担忧，尤其是中国在乡村工业化和乡村城市化过程中，以社会主义新农村建设或城乡统筹之名，损毁大量传统村落。村民集中在社区楼房居住所表现出来的新农村的"城市化运动"，离"原乡"的本意越来越远，这样的规划在毁掉城市后又将毁掉美丽的传统村落，于是，"原乡规划"的理论应运而生。

原乡规划理论借鉴中国古代哲学所倡导的"无为自化"思想，在村庄规划过程中强调以"无为"作为最高境界，做到尊重自然，尊重景观本色，尊重乡村本色，尊重自然规律，以实现自然境域下人们生活与生产的原真性。以"道法自然""天人合一"为规划的最高境界，以"因应自然"为规划的理

---

① 杨振之．论"原乡规划"及其乡村规划思想［J］．城市发展研究，2011，18（10）：14–18.

念和方法，突出人与自然的和谐，主张以自然为本，以村民为本，以乡土为本，主张保持好原住民的生活方式，为人们提供本色的自然体验和生活体验。

图 15-3　原乡特色的中国古村落

图片来源：笔者自拍

15.2.2 传统风貌保护的原则

村庄的传统风貌是先人在数百年的风雨沧桑过程中积淀下来的宝贵文化遗产，在规划过程中，为老百姓追求美好生活的过程中，必须对传统风貌建筑心怀敬畏之心，坚持如下几个原则：

（1）尊重原则

充分尊重自然、尊重环境、尊重地域文化，通过规划唤醒地方文化意识，做到以自然为本，以村民为本，以乡土为本，实现"天人合一"。

（2）利用原则

规划是为人民追求美好生活提供服务，为了美好的生活和生活品质的提高。坚持活化利用传统建筑原则，变被动保护为主动保护传统风貌。

（3）控制原则

限制对村庄传统风貌区的过度开发，控制村庄建设规模，切忌对传统村庄进行大拆大建，保持乡村"原乡"意境，不以牺牲村庄传统风貌作为村庄发展的代价。

15.2.3 传统风貌保护的策略

保护村庄传统风貌，打造新时代的生态文明，在具体的策略上，要在充分调查了解村庄风貌现状和历史的基础上，对传统风貌进行科学合理的评估，划分空间分级和分区，再提出具体的保护策略。

（1）传统风貌价值评估

在原乡规划理论为指导下，建立数字信息评估系统，对村庄的传统建筑及相关风貌元素进行采集入库，从历史价值、艺术价值、科学价值、精神价值和使用价值等维度，采用比较分析、层次分析、多元统计分析以及 GIS 分析等方法对村庄的传统风貌价值进行定性与定量相结合的评估，为空间分级分区修缮保护提供基础支撑。

（2）分级分区修缮保护

以传统风貌价值评估为基础，对村庄范围的传统建筑风貌进行分区分级，如不同历史时期的建筑、不同建筑元素的分级等，并对每个分区和不同级别的风貌区提出相应的修缮保护指引与策略。

（3）村庄特色风貌治理

在特色风貌建设上，结合村庄传统风貌特色，确定村庄整体景观风貌特征，明确村庄景观风貌设计引导要求。在空间规划上，基于村庄现状风貌的研究和分析，对河涌水系、绿地系统和空间肌理有具体规划，引导村庄形成与自然生态体系、地域历史文化特色相融合的空间形态。在生态绿化和公共空间规划方面，要有村民公园、村道巷道、河涌水系、空地闲地、庭院等绿化美化指引及重要节点设计方案；要充分利用村口、祠堂、戏台等村庄传统空间和村内活动广场、运动场所等开敞空间，提出改造利用方案或建议，提升公共空间品质。

在农房建设规划上，针对村民住宅建成区，应划定新建、改建、整治、拆除的农房范围，制定旧村整治方案，对农房的风格、色彩等进行规划指引，并提出修缮加固、外立面美化等农房整治措施。针对新建村民住宅区，应对村民住宅的建筑高度、间距、朝向等空间布局提出规划指引，明确新建住房建设控制要求、建筑布局方案、风貌管控指引。

对于拥有优美自然景观和先天独特资源禀赋的村庄，适合发展乡村旅游的村落，注重村庄风貌提升、基础设施完善、文化形象塑造，打造旅游品牌，形成休闲娱乐、居住、餐饮、周边游、乡土文化周边产品等的模式。

15.3 村庄村规民约建设规划

村规民约是基于村民自治的原则，是由村民依据国家法律法规，结合本村实际，共同制定村庄自我管理、自我约束、自我服务的规则，是共同遵守的一种契约，是村庄治理水平和村庄文化的重要体现，具有维护村庄社会秩序、公共道德、村风民俗的重要作用。是村庄自治、法治、德治相结合的现代基层社会治理机制的重要形式。近年来，一些地方指导村、社区探索制定村规民约，对引导基层群众有序参与村、社区事务，加强村、社区治理，弘扬公序良俗，起到了积极作用。村民自治章程是村民和村干部自我管理、自我教育、自我服务的综合性章程，也是村内最权威、最全面的规章，村民形象地称之为"小宪法"。村规民约一般以问题为导向，如对治安、护林、防火等提出有针对性的约定内容，作为村民的基本行为规范。对提高农村基层组织治理能力，改善农村人居环境起着重要作用。

15.3.1 村规民约的内容

村规民约内容一般包括：（1）规范日常行为。正确行使权利，认真履行义务，积极参与公共事务，共同建设和谐美好村、社区等。（2）维护公共秩序。维护生产秩序，诚实劳动合法经营，节约资源保护环境；维护生活秩序，注意公共卫生，搞好绿化美化；维护社会治安，遵纪守法，勇于同违法犯罪行为、歪风邪气作斗争等。（3）保障群众权益。坚持男女平等基本国策，依法保障妇女儿童等群体正当合法权益等。（4）调解群众纠纷。坚持自愿平等原则，遇事多商量、有事好商量，互谅互让，通过人民调解等方式友好解决争端等。（5）引导民风民俗。弘扬向上向善、孝老爱亲、勤俭持家等优良传统，推进移风易俗，抵制封建迷信、陈规陋习，倡导健康文明绿色生活方式等。

15.3.2 村规民约的制定程序

根据《民政部 中央组织部 中央政法委 中央文明办 司法部 农业农村部 全国妇联关于做好村规民约和居民公约工作的指导意见》，村规民约的制定或修订，一般应经过以下几个步骤：（1）征集民意。广泛征求村民意见，提出需要规范的内容和解决的问题。（2）拟定草案。就提出的问题和事项，组织村民广泛协商，根据村民意见拟定村规民约草案，同时听取驻村或社区党代表、人大代表、政协委员、机关干部、法律顾问、妇联执委等意见建议。（3）提请审核。村党组织、村民委员会根据有关意见修改完善后，报乡镇党委、政府审核把关。（4）审议表决。村党组织、村民委员会根据乡镇党委、政府的审核意见，进一步修改形成审议稿，提交村民会议审议讨论，根据讨论意见修订完善后提交会议表决通过。表决应遵循《村民委员会组织法》相关规定，并应有一定比例妇女参会。未根据审核意见改正的村规民约不应提交村民会议审议表决。（5）备案公布。村党组织、村民委员会应于村民会议表决通过后十日内，将村规民约、居民公约报乡镇党委、政府备案，经乡镇党委、政府严格把关后予以公布，让村民广泛知晓。村规民约在保持相对稳定的同时，可根据当地经济社会发展、村民需求变化以及村民民意等进行修订，修订程序参照制定程序执行。

15.3.3 村规民约的法律效力

村规民约是村民大会基于《村民委员会组织法》授权而制定的，因此，只要其遵循了法定程序且内容合法，就具有法律效力。换句话说，村民都应当受其约束。村规民约，不仅是村民自治的依据，也是村民会议或村民委员会对当地农村进行管理的依据，因此，那些住在农村的机关、团体、部队、全民所有制企业、事业单位的人员，以及不属于村办的集体所有制单位的人员，虽然不参加村民委员会组织，也应当遵守有关的村规民约，自觉地约束自己的行为。村规民约的法律效力并不是无限的，而是受到限制的，也并不是规约中的任何内容均具有法律上的约束力。村规民约是基于法律授权而制定的，是用来填补法律空白的，而不是用来替代法律的，更不能与已有的法律相冲突。因此，村规民约中的内容，凡是违反法律强制性规定的或与现行法律相冲突的，均不具有法律效力，不能够用来约束村民。

15.4 村庄现代文化建设

村庄文化建设除了要对传统文化进行有效的继承和弘扬外，更为重要的是要坚持与时俱进，学习新思想，应用新技术，建设村庄现代文化。

15.4.1 中国村庄现代文化发展现状

在乡村城市化的冲击下，乡村地区传统文化遭到不同程度的冲击，甚至出现了衰落趋势，同时，发展观念跟不上现代文化的要求，致使乡村现代文化发展滞后，出现多重危机，乡村文化软实力不足，集中体现在三方面：乡村公共文化建设欠账，乡村文化产业发展滞后，农村文化市场活力不足。

（1）乡村公共文化建设欠账多

乡村公共文化是村庄现代文化发展的根基。在信息化和全球化背景下，大部分乡村地区还缺乏统一标准的基层公共文化网络基础设施，如网络服务中心、公共电子阅览室、远程教育中心、乡村旅游网上展馆、乡村文化网上展馆等。现代化的村庄公共文化服务设施不足，城乡差距较大。一是各类活动场所如体育健身、文化活动、农村文化广场等基础性设施建设不足。同时，现有公共文化服务设施效能较低。二是信息基础设施建设不足、基站等新兴文化设施建设不足。公共文化服务内容、方法与基层群众的现实需求不相适应，亟待提高供给质量方面，找准群众的文化需求，建设群众喜闻乐见的文化产品和文化服务，提高公共文化服务供需的匹配程度。

（2）乡村文化产业发展不足

乡村文化产业内生发展动力不足。文化产业发展配套政策措施还不完善，如发展乡村文化旅游中缺乏有关土地利用配套政策措施，在制度层面制约特色乡村的开发建设，以农家乐为主的生态旅游为主要支撑，产业关联性不强；民俗文化产业发展不足。文物古迹、民间艺术、特色手工艺等"原汁原味"的民俗文化资源产业尚处于初步发展阶段，内生动力未被充分激发；乡村文化产业精品工程不足，缺乏特色突出的文化小镇；基于互联网的新型乡村文化产业模式不完善；乡村文化旅游精品不足，在节庆赛事、民俗文化、名人文化等方面缺少创意开发，应当结合当地文化特色，找准文化亮点，运用创意技术等，推出品位高、影响大、效益好的文化精品，使农村文化产业之间形成互补，从而进一步推动农村文化产业的创新发展、联动发展。不断推动农村文化产业健康发展。

（3）乡村文化市场活力不足

长期以来，中国农村地区以小农经济为主，加上信息化基础薄弱、交通物流不畅，乡村文化发展"市场导向"意识不够，无法带动二三产业的发展。突出表现在农村文化市场规模小，尤其是由于规范化、规模化的经营户少，文化商品短缺，监管不到位等，导致农民文化消费潜力受限。

15.4.2 村庄现代文化建设主要任务

村庄现代文化建设关系到社会主义新农村建设和乡村振兴的成效，关系到村民素质的整体提高。重视村庄现代文化的健康发展，丰富农村、偏远地区的精神文化生活，共享生态文明建设发展成果，是村庄规划的重要任务之一。概括起来，村庄现代文化建设的主要任务包括如下几个方面：

（1）村庄人力资源建设

一定规模的村庄常住人口是村庄得以可持续发展的根本保证，人力资源是一切资源中最重要、最富于创造性的资源，随着城市化的进程，大量农民离土离乡，使乡村文化建设缺少人气支撑。乡村文化建设需把乡村文化人力资源建设放在首要位置，围绕新型职业农民培育、农民工职业技能提升，造就更多乡土人才，汇聚乡村文化建设和传承发展的人气，激活乡村文化发展内生动力和活力。首先，村民既是传统文化传承发展的主体，也是现代文化创造、建设和传播主体，乡村文化建设首先需要留住乡村民众，强化乡村文化主体意识，确保乡村文化的代际传承发展。其次，鼓励"乡村能人"返乡创业，带动农村新产业、新业态发展。以乡愁为依托、理想为引领、乡土为根基、以情感为纽带，同时，政府制定创新人才流动政策，吸引和凝聚各方人士支持乡村建设，将现代科技、生产方式、经营模式引入农村。最后，引导和鼓励企业家、文化学者、规划师、设计师、工程师等社会精英下乡，借助资本、科技、技术等资源，带动乡村现代文化发展。

（2）乡村文化产业发展

乡村振兴战略的首要任务是"产业兴旺"。乡村拥有丰富多样的传统文化和自然生态资源，文化资源转化为产业资源的市场潜力巨大。一是发挥乡村特色文化资源优势，依托乡村文物古迹、民俗节庆等，因地制宜打造特色鲜明的乡村文化产业。二是促进乡村文化产业与农业观光、乡村旅游、民宿经济等相关产业深度融合，发展以乡村民俗为核心的乡村文化旅游。需注意乡村文化产业必须以特定文化底蕴和文化氛围为基础，植根于乡村文化环境，还需以创新发展理念为引领，以文化为灵魂，以科技为支撑，不断适应现代化新农村的发展。

（3）文化基础设施建设

振兴乡村文化既要传承创新乡村传统文化，也要加强乡村现代文化建设，加强村庄公共文化基础设施建设，丰富村民文化生活，提升村庄文化内生动力。首先，需要注重"文化软件"供给，充分运用自身的文化底蕴，包括各类文化产品和文化活动，将"送文化"和"种文化"紧密结合。积极引入市场和社会力量，多元供给，在政府、市场和社会间形成协作机制，激活多元力量共同参与，将各类公共文化、社会公益文化活动与市场化文化活动融合。其次，要加强"文化硬件"供给，即建设乡村公共文化基础设施，尤其加强对贫困乡村的扶持，做到精准建设，确保设施实用性和效能发挥。最后，需加强乡村文化消费场所设施建设，引导文化产品和服务向农村基层倾斜，统筹城乡文化消费，推动乡村文化振兴。

（4）强化乡村文化教育

乡村现代文化建设离不开乡村文化的教育支撑。深化传统文化认识、提高思想道德水平、加强文化生态、文化创新发展教育。一是，建立乡村文化教育基地。鼓励支持社会力量参与建设以乡村文化为主题的博物馆、民俗馆等，并与学校教育联通；二是，探索建立乡村文化教育长效机制。在推进乡村文化学校教育进程中，注重发挥农村教师在乡村文化建设中的传承和示范作用，强化其文化担当，避免乡村教育离土；三是，创新发展乡村文化教育。兴办乡村文化讲堂，构建"引导人、教育人、鼓舞人、激励人"的农村新型文化体系。

（5）培育基层治理组织

发挥基层社会组织在完善乡村公共文化服务体系中的积极作用，丰富群众性文化活动，提升村民生活品质。首先，要把乡村文化社会组织作为扶持重点，加大政府资金投入的同时支持社会资金参与；其次，加强乡村文化类社会组织的注册及备案管理，优先引导发展一批社区文体类社会组织，壮大乡村文化力量；最后，鼓励支持文化人才组织成立文化类社会指导组织，服务指导乡村文化建设，培育繁荣乡村文化的民众力量。

15.4.3 村庄现代精神文明建设任务

改革开放以来，农村物质文明发展突飞猛进，亿万农民的生活水平大幅提升。特别是新农村建设、美丽乡村建设、乡村振兴等战略实施以来，农村的环境、面貌焕然一新。在生态文明时代背景下，建设社会主义新农村，不但要有新农村，还要有新农民、新思想。其核心是要抓好现代精神文明建设。

乡村精神文明建设要大行生态文明之风，让广大农民树立起"青山绿水就是金山银山"的环保理念，构建生态绿色、宜居宜产的美丽和谐新农村。

（1）健全村民自治组织

成立健全村民评议会、红白理事会、道德评议会等群众自治组织，制定完善村规民约，有针对性地开展活动，引导农民自我约束、自我管理、自我提高。

（2）加强传统美德教育

通过形式多样的活动，加强对崇尚气节、崇尚严谨、崇尚务实，讲良知，守信用等中华民族传统美德宣传教育，在全社会弘扬严和实的精神，特别是要充分利用乡村学校少年宫、农村中小学加强对广大未成年人的教育，使他们从小打好严和实的品德底子。

（3）倡导家风家训建设

"小家安则万事兴"，家庭是构建和谐社会的基本构成单位，家风是社会文明程度的缩影。积极开展弘扬"好家风、好家训"活动，讲好家风故事，传播治家格言，广泛开展家风、乡风评议活动，以良好的家风带动乡风民风。

（4）评选星级文明户

围绕勤劳致富、崇德向善、诚实守信、遵纪守法等内容，开展"十星级文明农户""五好文明家庭""美丽庭院""最美家庭""孝亲敬老"创建评选活动，开展好媳妇、好公婆、好妯娌评选表彰，建立功德榜、功德录、小喇叭，宣传好人好事，引导大家争做好人模范。

（5）举办村民讲习所

引导村庄举办村民讲习所，组织专家、志愿者进行绿化美化、文明礼仪、法律知识、家庭教育、美德建设、专业技能等专题讲座和实用培训，为广大村民带去先进的产业发展知识、经验，积极引导当地群众转思想、促发展，提高农民整体素质。

图 15-4　新时代中国乡村讲习所

图片来源：重庆市武隆区委宣传部

（6）活跃农村文化生活

根据村民需求，建设完善村庄戏台，组建成立文艺演出队伍，组织开展歌曲戏剧演唱、鼓乐演奏、广场舞大赛、秧歌展演等群众喜闻乐见的文体活动，引导广大村民积极参与，营造浓厚的现代文化氛围，丰富村民精神文化生活，提升村民素养，树立村民良好精神面貌。

第 16 章　村庄规划的公众参与

公众参与是公民试图影响公共政策和公共生活的一种有计划的行动，它通过政府部门和开发行动负责单位与公众之间双向交流，使公民们能参加决策过程并且防止和化解公民和政府机构与开发单位之间、公民与公民之间的冲突。公众参与可以分为三个层面：第一是立法层面的公众参与，如立法听证和利益集团参与立法；第二是公共决策层面，包括政府和公共机构在制定公共政策过程中的公众参与；第三个层面是公共治理层面的公众参与，包括法律政策实施，基层公共事务的决策管理等。村庄规划作为国土空间规划的一个重要组成部分，也是村庄未来发展的法定依据，具有公共政策和地方法规的双重属性。因此，村庄规划从编制到实施过程，均需要强调公众参与。自然资源部颁发的《关于加强村庄规划促进乡村振兴的通知》也提出，村庄规划的编制需要开门编规划，要强化村民主体和村党组织、村民委员会主导，引导村民全程参与村庄规划编制与实施过程；综合应用各有关单位、行业已有工作基础，鼓励引导大专院校和规划设计机构下乡提供志愿服务、规划师下乡蹲点，建立驻村、驻镇规划师制度；激励引导熟悉当地情况的乡贤、能人积极参与村庄规划编制；支持投资乡村建设的企业积极参与村庄规划工作，探索规划、建设、运营一体化。

16.1 公众参与理论基础

16.1.1 公众参与阶梯理论

1969 年，谢里·安斯坦（Sherry Arnstein）提出了公众参与阶梯理论（A Ladder of citizen Participation），对公众参与的方法和技术产生了巨大的影响，为公众参与成为可操作的技术奠定了定理性的基础，至今仍广为世界各地的公众参与研究者和实践者所采用。谢里把公众参与分为三个层次，八种形式（阶梯），从低到高分别为操纵（Manipulation）、治疗（Therapy）、通告（Informing）、咨询（Consultation）、展示（Placation）、合作（Partnership）、代理权利（Delegated Power）、公民控制（Citizen Control）。

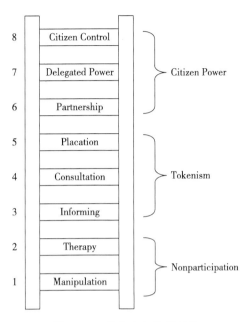

图 16-1　公众参与阶梯理论

图片来源：Sherry Arnstein，1969

最低层次是非参与（Nonparticipation），其中最低形式是操作性参与，即权力部门或机构事先制定好方案，让公众直接接受方案。第二层次比第一层次的参与程度有所提高，权力机关开始将方案的部分信息向公众告知或披露，并将预先制定的方案进行少许的妥协或退让。如目前在中国较多采用的"公告、公示、通告"等公众参与形式，这种参与信息的流动基本上是单向的，是从权力机关流向公众，公众缺乏反馈的渠道和谈判的权利。因此这种参与实际上是一种象征性的参与（Tokenism）。第三个层次的参与是目前欧美正在实践的参与形式，公众在知情权得到保障的情况下，全程参与，发表看法，共同决策，其最高形式是决策性参与，即公众直接掌握方案的审批管理权利（Citizen Power）。

16.1.2 倡导式规划理论

20 世纪 70 年代，戴维多夫（Davidoff）和瑞纳（Reiner）提出"规划的选择理论"，从多元主义出发构建规划中公众参与的理论基础。规划的整个过程都充满着选择，而任何选择都是以一定的价值判断为基础的，规划师不应以自己的判断标准来代替社会做出选择。后来，戴维多夫又提出"倡导性规划"（Advocacy Planning）理论，并认为从社会政治学角度来看，规划师应该正视社会价值的分歧，并选择与社会大多数人相同的价值观：一方面，规划师承担着公众的社会价值倡导者的责任；另一方面，又为公众提供规划的技术知识。同时，还认为在多元化的社会，规划没有一个完整的、明确的公众利益，只有不同的"特别利益"。

倡导式规划理论强调了规划过程中的多元价值观以及这种多元的价值观如何体现在规划的过程和结果中。由政府部门、商界人士、市民团体、学术组织联合组织"审视现实（Reality check Plus）"活动，以此来整合不同地区不同人群的意见与利益，从而在城市的总体发展决策上形成合力。该倡导式情景规划的过程涵盖了活动的组织策划、会议安排、数据分析、意见整合以及对现有规划的修正等一系列过程，在专业人士的协调下，使得多方面的意见最终得以有效的落实到指导今后城市开发的区划制定上，从而确保了公众参与的实效性。

倡导式规划对我国村庄规划的编制与实施具有积极的参考意义。村庄规划编制是以村民为主体的村庄自治过程之一，需要以倡导式规划理念为基础，整合村庄不同利益主体方以不同的形式参与到规划的编制与实施过程中来，确保村庄规划的合理性和可行性。

16.1.3 协作式规划理论

基于多元主体参与，通过沟通协作达成共识的规划理论，即协作式规划（collaborative planning）[①]。1979年，德国社会哲学家哈贝马斯（Habermas）提出"交往理性（communicative reason）"，即建立在主体与主体间相互理解之上、动态、双向交流的理性。这为构建和运作基于沟通、协作的规划提供了理论基础，并衍生了多个同源的概念与模型，均提倡在多元主义思想下，寻求规划的决策过程中政府、开发商、规划师、公众等的多方合作并达成共识（consensus），认为规划的决策过程是一种"政府—公众—开发商—规划师"的多边合作，共同体成员通过各自的策略选择达成共识。

① 袁媛，蒋珊红，刘菁. 国外沟通和协作式规划近15年研究进展——基于Citespace III软件的可视化分析[J]. 现代城市研究，2016（12）：42-50.

协作式规划是一个邀请相关利益方进入规划程序，共同体验、学习、变化和建立公共分享意义的过程，要求不同产权所有者（stakeholders）采用辩论（argumentation）、分析（analysis）与评定（assessment）的方法，通过合作达成共同目标。参与主体包括决策者（decision maker）、规划师（planner）、专家（expert）、开发商（developer）、利益相关者（stakeholder）以及公众（public）。在协作过程中，规划师作为决策者的技术顾问，为其他参与者进行政策解释和协调。专家从专业角度为决策者和规划师提供方向推演和理论支撑。媒体能加速规划信息的传递和普及，甚至充当关键的沟通渠道和利益博弈平台。

16.2 村庄规划公众参与存在的问题及原因

公众参与的规划思想传入我国之后，我国在城市规划和村庄规划领域都先后引入了公众参与的思想，并通过组建规划委员会、制定规划公众参与规章制度等方式，推进城市与村庄规划领域的公众参与，取得了长足的进步与成效。但总体上，传统村庄规划作为政府主导的自上而下公共政策行为，政府、市场、村民以及规划师在规划编制过程中均不同程度地存在缺位、越位或者错位的情况，规划决策取决于领导或利益集团的意志，缺乏公众的有效参与，使规划不能体现满足村民的普遍需求与愿望，也无法协调与平衡公共利益，其指导性、可操作性不强，无法系统、科学地指导村庄建设发展。

16.2.1 参与对象单边化，参与性弱

公众参与范围小、广度和深度不够，较少涉及参与主体利益平衡等深层问题，造成规划实施困难。村庄规划是新型城镇化措施的一种，在乡土性面临现代性的进入时，必然会产生一定的磨合和不适，在村庄规划的推动中不少村民认为自己的诉求和意愿并不能影响到决策者的决策，对自身的公民身份认识不深入，这不仅关涉村民国家公民权利与义务的普适教育，也关涉村民对于规划权威体系的怀疑。这些因素在很大程度上打击了村民参与的热情和动力（史艳超，2011）。历次村庄规划现状可总结为"关门做规划，村民当客人"。由于村庄劳动力人口大量流出，村庄规划中的调研对象多针对留守本村的本地户籍村民，而对大量的流动人口（尤其是农民工群体）少有关注，缺少多元化的参与互动。

16.2.2 参与流程简单化，针对性弱

目前的公众参与技术手段多为问卷调查、一些意向性的选择和规划成果展示，仅被作为规划的辅助设计手段，起不到协调、平衡作用。村庄规划属于法定规划的一种，但是由于村庄规划起步大大晚于城市规划，因此村庄规划在过去大多以城市规划思想来进行规划，缺乏对于乡土性、文化以及人文的考虑。此外，以往的村庄规划往往是落实政策或解决现状问题的被动式指南，缺乏与村民的面对面沟通交流，欠缺针对村庄特色的主动式挖掘（胡峰，2013）。传统的村庄规划模型源于 30 年前的城市规划理性模型，规划工作流程是线性模型，决策者确定规划目标，规划师根据规划目标进行调研，针对问题制定规划对策，由决策者进行决策后进行规划公示、实施。这种规划模式中规划决策权属于决策者，例如政府部门或市场主体，由决策者指令规划师做"命题文章"，规划师等技术人员往往受制于决策者，在一些规划中民众利益得不到有效保障，还可能给村庄发展造成了巨大的损失。村民在规划方案编制阶段中的参与度不强，尤其是村民与规划师一起讨论村域用地布局、发展村庄经济等村庄发展问题以及村民代表大会审议规划成果等关键环节被忽略。

16.2.3 参与内容程序化，操作性弱

当前村庄在操作性与落地性层面出现的各种问题，可以归结为三类：一是规划建设现实与农民需求的错位；二是规划建设目的与服务对象的错位；三规划建设过程中与农民的无效沟通。这些问题的产生实际上都源于各种外部力量试图替代乡村空间内蕴着的各种"自然"逻辑，漠视村庄主体的积极性，把自己当成无所不能的技术精英或者是建设者。有些规划则超越集体和农民的经济承受能力，造成实施困难，编制了的规划也只是"纸上划划、墙上挂挂"。

在村庄发展的关键问题上，缺乏与村民一起反复沟通协商；同时问卷调查的设计多是一些常规问题，缺乏因地制宜的做法，比如不同类型村庄和不同人群（户籍村民和外来人口）需求应设计"针对性选项"，更多的时候是将问卷调查参与作为村庄规划的一种程序，未起到实际作用。

16.2.4 参与内容专业化，成效性低

在与村民的沟通方面，规划师一般拿着专业图纸或是说明书入村汇报。

由于村民文化程度有限，这些技术性很强的成果不易被村民理解和接受。极大地降低了村民对规划成果的认可度。村民参与的形式与内容从某种程度上是基于城乡关系影响下的村庄规划关注重点问题的外在反映。在城乡协调发展的大背景下。以"村庄自治"为导向的村庄规划，应该是更加开放协同、关注多方利益诉求，强调"全方位"的村民参与。

16.3 村庄规划参与主体分工

村庄是一个聚落，但又不是一个单纯的居住区。一方面，村庄是生产、生活和生态空间的复合体，是依托自然生态系统的服务功能运行的；另一方面，中国农村土地的所有权是建立在公有制基础上的集体所有，这决定了村庄规划跟传统城市规划的本质差别。在传统城市规划中，城市规划局是独立负责组织编制和审批的部门，规划一旦获批后将交给发改部门组织立项、住建部门负责组织建设，建成后由城管部门去管理，部门之间的分工是明确的，规划过程是一个线性的过程。乡村地区则不同，规划、建设、管理和村庄市场项目的运营涉及多元主体，除了村民、政府、基层组织和专业机构，还会有开发商和非政府组织的志愿者等，这些人都是村庄发展的直接利益相关者。在村庄发展过程中不同主体主导的规划，其规划内容、过程和结果甚至会完全不同。

实现乡村振兴是整个"三农"工作的重要抓手，具有全局性、全面性、长远性，是一项艰巨而长期的任务，需厘清多元参与主体的角色定位，明确政府、基层组织（村党支部、村委会）、市场（企业）、村民、非政府组织及规划机构等各自的职责定位，发挥政府的引领作用、村支两委的战斗堡垒作用、企业的支撑作用和村民的主体作用。未来的村庄规划过程将是由村民为主体，协同政府、市场、社会组织和规划师等"五位一体"的多元主体协同作战的过程，是一个"以人为本"的反映不同的利益相关人逐步达成共识和落实各项任务的过程。

16.3.1 强化村民核心主体地位

中国乡村发展取得举世瞩目成就的同时，仍存在着城乡区域发展不平衡的短板，强化村民在乡村振兴工作中的主体地位至关重要，尊重农民的首创精神，推动农村一次又一次的制度创新，注重发动村民、组织村民、形成村民积极自愿参与模式，使村民意愿和村民利益得到充分实现，构建共谋、共建、共管、共享的格局。村庄规划经过几十年的摸索实践，也在不断地变革创新，以往的村庄规划多数是由政府或专家主导，村民往往是"被规划"，在规划过程中的角色属于消极的"旁观者"。伴随着城镇化和信息化进程，村民的观念不断与时俱进，村民的主体意识也逐渐加强，因此，村庄规划的权威性在于在编制过程村民是否参与，以及村民是否参与促进规划方案的落地实施，通过村庄规划唤起村民的主体意识，激发村庄发展的内生动力，对乡村的振兴发展至关重要。

城乡区域发展不平衡、不协调是乡村发展突出的主要矛盾，人民对美好生活的追求决定着中国整个社会的未来发展方向，而美好生活最大的动力在乡村，生态文明建设最大的发展空间在乡村。通过规划引领，实现乡村振兴，关键就是要使农业发展不再服从工业发展的需要，农村发展不再服从城市发展的需要，农民发展不再服从市民发展的需要，推进乡村由被动地接受反哺和扶持、被动地接受带动和辐射，到成为与城市并行发展主体的转变，实现乡村自主发展，焕发乡村追求内在发展的自发力量。这必然要求乡村规划要站在农民主体地位的立场、站在属于农民的乡村，去聆听农民需要什么样的生活、需要什么样的乡村，给乡村社会以充分的话语权、自主权，以激发农民的主体作用，创造真正属于他们自己的生活，让农民成为乡村振兴的真正主体。《中华人民共和国城乡规划法》第十八条和第二十二条第一次通过法律将村民定位为村庄规划的主体，这是未来村庄规划的基本出发点和立足点。

在村民的主体地位中，有两个重要的村民自助组织要在村庄规划过程中发挥重要的作用。一是乡村党总支或村党支部，其是乡村发展的核心领导与支撑平台，要在组织建设、文化建设、民主建设中对乡村资源进行确权，制定产权交易方案、决策方案、表决办法等，组织就规划过程中的重大事项表决等方面发挥主体作用；二是村民委员会，是乡村经济发展重要主体，需要承担村内迁建、安置，土地流转，发展集体经济，土地管理，开展集体经济组织经营，保护生态环境等角色。

16.3.2 加强政府综合服务

政府在村庄规划与乡村振兴实践过程中的作用举足轻重，要做到尊重民意、保障村民利益，让村民积极参与到村内规划、整治、建设、管理、监督全过程，明确政府责任和村民义务。按照"使市场在资源配置中起决定性作用和更好发挥政府作用"的改革要求，政府在村庄规划和乡村振兴实践中应发挥引领、服务、监督和推动四大作用。首先，政府需要通过规划引导、模式指导、政策引指等手段，发挥引领作用。规划引导具体体现在全面推进在国土空间规划体系下，做好村庄的生态、经济、社会发展安全及各类型空间功能需求协调的村庄规划；其次，政府要给广大乡村居民提供政务服务和公共服务，围绕乡村涉法涉诉开展民事调解、仲裁与审判服务，维护乡村社会稳定，对村支两委和民兵、共青团、妇女、老龄委等群团组织的业务工作进行对口服务；第三，政府要对乡村建设项目的投资、建设、运营及其收益分配进行审计监督，对乡村村支两委及其党员干部进行监督，预防"微腐败"，开展"微监督"，对体制内的组织换届与选举工作进行组织与纪律监督；最后，政府还要推动水、电、气、通信、道路等基础设施以及文、教、卫等公产品的建设和运营维护。

16.3.3 挖掘工商资本作用

企业是推动村庄经济发展的市场主体，也是提供新时代村民就业的平台，因此，在村庄规划过程中，对进入乡村投资的工商资本和集体企业，要给予充分的尊重并积极发挥他们在资源配置中的作用。在具体实践中，乡村企业有多种形态，其在村庄经济发展规划中的定位和角色也因此有所区别，对村集体经济组织和平台式工商企业而言，其主要的角色是展现对农户生产经营的服务能力、运营管理及招商引资等；对下乡投资的城市工商资本而言，其主要定位是创新生产模式、经营模式、流通模式，发展农产品加工业、旅游业等，与当地农户协同推进乡村产业发展。

16.3.4 整合社会组织资源

在村庄规划过程中，还要发挥农村社会组织等社会力量在服务农民、树立新风等方面的积极作用。推进社会力量参与村庄规划和乡村振兴工作，既可以降低政府部门在推进乡村发展过程中面临的高成本压力，还可以弥补政府部门在农村公共品供给方面的"政府失灵"，确保规划符合村民意愿，提高资源利用、要素配置和要素流通的效率。

16.3.5 发挥规划师技术特长

在村庄规划的组织过程中，需要充分发挥规划师的专业特长，为村庄提供村民易懂、村委能用、乡镇好管的规划成果。为此，2018 年 10 月，《住房城乡建设部关于进一步加强村庄建设规划工作的通知》提出，要组织动员大专院校、规划院和设计院等技术单位下乡开展村庄规划咨询服务，鼓励注册规划师、注册建筑师、艺术家、热爱乡村的有识之士等参与村庄规划编制，提供驻村技术指导。2019 年，自然资源部发布《关于加强村庄规划促进乡村振兴的通知》，鼓励规划师及志愿服务组织下乡蹲点，建立驻村规划师制度。通过驻村规划师制度，可以打破城乡交流壁垒、深入培养城乡感情、解读城乡社会伦理结构。在规划编制过程中，项目组就主要问题组织规划开展交流会、村现状情况现场踏勘、调研和座谈会、初步方案沟通会、村民代表大会等形式，与村民建立多维度的交流通道。

16.4 规划编制过程的公众参与

16.4.1 村庄规划的公众参与方式

传统村庄规划过程中的公众参与方式，多采用问卷调查、规划模型展示、方案公示、座谈会等形式，取得了一定效果。考虑到公众参与村庄规划的历史很短、村民文化程度不高，信息、眼界等诸多限制因素，在村庄规划中公众参与应采用与城市规划、旅游规划不同的技术方法，采取更符合农村现实的公众参与方法如进行公众座谈会、村民意见公投、村民代表大会、民意问卷调查、入户访谈、规划培训等方式，鼓励更多的"无权的"或"沉默的"利益主体能够更加自由而充分地表达自己的看法或观点，也充分体现了政治上尊重农民的民主权利。

受村民的文化程度等条件的影响，公众参与过程中还应注意语言通俗易懂及沟通的方式，问卷调查中应减少开放性问题，尽量增加问卷调查采集数量。抽样访谈应增加抽样访谈者样本个数，选择有代表性的抽样访谈者，减少抽样访谈者利益相关的概率，这样才能保证采集到的公众意见能够反映现实情况。

16.4.2 公众参与视角下村庄规划过程路演

传统的村庄规划是"目标—调研—规划—实施"自上而下的线性模型，而在生态文明建设中，上述这四个因素是相互制约、彼此影响的，四个决定因素中的任何一个都影响到村庄整治规划的成败。

（1）科学开展现状调研

村庄调查的直接目的是了解村庄，认识村庄发展现象的本质及其发展规律，而从事村庄规划的技术人员在本身思维中往往有范式，理念先存，所以在进行村庄规划的前期调查工作时，容易忽视事物各个方面的内在联系，而将现象纳入自己的想象之中。用调查者头脑中的理论逻辑来切割现实本身逻辑的村庄调查，不能获取村庄个体的真实信息。防止这种情况发生的有效方法就是：调查者在进入调查现场之后，要让自己无知，而进入事实本身的逻辑中去。而且，调查者要有乡村的生活经验，熟悉调查研究对象的各种社会关系人等，让自己成为村民的一分子，只有这样才能知道所调查村庄现状的真实逻辑。

在具体操作上，首先需要科学地界定问题，通过内业前期分析，将村庄发展可能存在的问题界定在几个方面，抓住重点从几个方面进行调研与分析，然后再进行田野调查，收集基础资料和数据。通过对村庄规划各参与主体的调研分析，了解当前农村发展中存在的问题或者农民最迫切需要解决的问题，广泛吸收村民的意见和建议。最后对问题进行分析，将零散的村民意见进行概括和总结，归纳为几个重点问题。

（2）确定合理规划目标

通过深入调研，正确解读村庄存在的问题，把符合本村的经济能力和目前村民自己最迫切需要解决的问题作为规划解决的核心目标，保证农民在村庄规划中的主体地位，尊重农民意愿和对项目的选择，调动村民的积极性和创造性。

（3）形成可行规划方案

根据规划目标，结合上位规划要求，应用成熟的空间分析和数据分析技术，形成规划方案，并进行方案公示、讲解。公众对方案提出修改意见，经过充分论证和可行性研究，修改形成最佳方案报批，并将最终获批方案公示给村民。

（4）制定有效实施方案

在规划获批的前提下，再次深入村民，通过多种形式，以规划为基础，制定详细的规划实施方案。因此，公众参与视角下村庄规划不是由上级领导或市场主体对村庄进行决策，而是通过自下而上的公众参与进行规划决策，通过各参与主体的积极参与，寻找目前农民最需要解决的问题作为规划解决的目标，再自上而下地建立针对问题的规划建设方案和行动路线。

16.4.3 开放协同的村民参与模式

开放协同的村民参与模式，村民作为主体来主导规划，规划的责任人是村民自己，政府部门主要发挥政策制定与指引的作用，规划师主要承担方案的技术解释及各方利益沟通协调的桥梁作用，建设单位主要负责项目建设，专家媒体则负责技术支撑和舆论监督并考虑农民工群体的需求和建议，使村委、村民、政府、建设单位等相关利益人形成合力，共同推动村庄规划的落地实施。当然，村民主导规划的过程并非让村民直接编制村庄规划，而是在其他参与对象的协助与支持下参与到具体的规划过程当中去。村民主导的开放协同框架由协同主体和协同内容构成，整个协同过程又分为协同调研、协同设计和协同实施三个部分，主要参与方为村委、村民、规划师，政府和建设单位。

在协同调研部分规划师在村委的协助下征求村民的规划诉求、确认每户所属的物权空间界限等基础信息，并拟定自下而上的规划任务书。

在协同设计部分，规划师首先与村委和村民代表直接协商，主要方案均需得到村委确认，村委及时反馈问题再由规划师根据技术要求对方案进行调整。其次，规划师通过村委的组织，与村民共同协商，使村民以主人翁的态度积极参与到规划方案设计中来。

在协同实施部分村民通过规划师、村委与建设单位协商，最首要的问题是解决村庄住房建设问题。以规划师、村委为纽带，村民和施工单位全程密切配合设计住房方案，既满足村民要求，也能保存村庄原有肌理。需要强调的是在整个开放协同过程中，规划师与村委应无缝地协商合作，这是决定开放协同式村民参与能否顺利推进的关键因素。

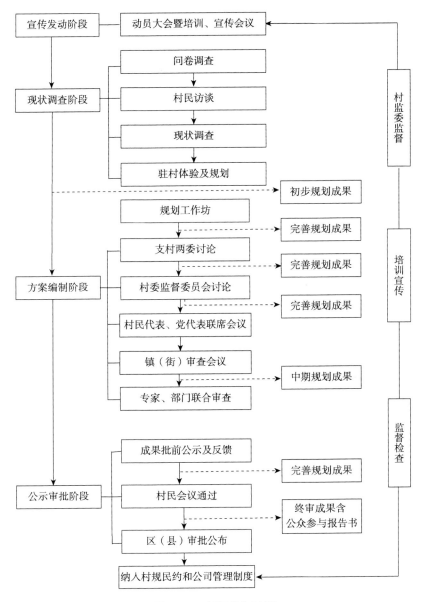

图 16-2　村民参与过程

资料来源：李明，孙玥，吕荣，等.《城乡一体化导向下的广州市村庄规划：进展与动态》,《城市规划学刊》,2014 年第 7 期。

16.5 共同缔造：新时代公众参与模式

在快速城市化带来城乡矛盾日益尖锐、公众主体意识不断增强的背景下，为保持城市社会凝聚力与促成公众参与，有学者提出共同缔造工作坊的乡村规划工作模式①，以共谋、共建、共管、共评、共享理念，构建一个以公众参与为核心，建立责任规划师制度，构筑公众、政府、规划师和社团等多元主体互动的平台，创新多元参与形式，建立乡村发展各主体间的密切联系，并达成发展共识，通过协商共治，制定更符合村庄发展实际的村庄规划方案，促使村庄规划方案的落地实施。

16.5.1 共同缔造的理论基础

共同缔造的理论基础源于基层自治理论，对于广大乡村地区而言，基层自治的核心是村民自治，实质就是让广大农民群众自己当家做主。村民自治是中国《宪法》赋予广大农民群众，直接行使民主权利，依法办理自己的事情，创造自己的幸福生活，实行自我管理、自我教育、自我服务的一项基本社会政治制度。村民自治的核心内容是"四个民主"，即民主选举、民主决策、民主管理、民主监督，村庄规划的编制与执行，正是属于村民民主决策和民主管理的范畴。

16.5.2 共同缔造的核心理念

共同缔造的核心理念是以共谋、共建、共管、共享、共评等为途径，促成基于村民自治的公众参与，因为通过共同缔造的方式，能够发现地方发展的真实诉求，并以问题为导向组织、发动公众参与村庄规划，同时能够培养村庄规划师、进一步推动村庄自治等②。在急剧变化的现代社会中，由于居民参与不足，政府治理缺乏稳固的基础。

共同缔造模式有效地推动了基层政府治理与基层社会治理的衔接，推动了村民的参与。以共同缔造为契机，着力推动多元参与格局的形成，不仅达到了社区善治的目标，而且为居民自治提供的好经验。共同缔造也是村民自治的有效实现形式和推进国家治理体系和治理能力现代化的有效途径。

---

① 李郇，刘敏，黄耀福. 社区参与的新模式——以厦门曾厝垵共同缔造工作坊为例［J］. 城市规划，2018，42（09）：41-46.
② 黄耀福，郎嵬，陈婷婷，et al. 等人缔造工作坊：参与式社区规划的新模式［J］. 规划师，2015（10）：38-42.

16.5.3 共同缔造的实践检验

在实践上，广东省云浮市、福建省厦门市、辽宁省沈阳市及湖北省、青海省等的部分市（县）陆续开展了"共同缔造"活动，基本做法是以城乡社区为基本单元，以改善群众身边、房前屋后人居环境的实事、小事为切入点，以建立和完善全覆盖的社区基层党组织为核心，以构建"纵向到底、横向到边、协商共治"的城乡治理体系、打造共建共治共享的社会治理格局为路径，发动群众"规划共谋、发展共建、建设共管、效果共评、成果共享"，最大限度地激发人民群众的积极性、主动性、创造性，改善人居环境，凝聚社区共识，塑造共同精神，解决关系群众切身利益的问题，提升群众的获得感、幸福感、安全感。

（1）"美好环境与和谐社会共同缔造"的云浮实践

云浮是中国国内最早推动共同缔造工作坊的城市，率先提出并贯彻了共同缔造"共谋、共建、共管、共享"四大理念。作为广东省的农业大市，云浮市面临珠江三角洲的快速发展，在建设新农村的过程中也存在着农村发展诸多问题，如产业动力不足、基础设施落后、服务设施缺乏、基层组织失位等。在这样的背景下，该市提出美好人居共同缔造的"四共"理念，并将共同缔造的主题瞄准"美好环境与和谐社会共同缔造"，形成了《美好环境与和谐社会共同缔造云浮共识》和《美好环境与和谐社会共同缔造行动纲要》。

（2）"美丽厦门共同缔造"的厦门模式

"美丽厦门共同缔造"的核心仍然是美好环境与和谐社会共同缔造。行动的关键是激发群众参与、凝聚群众共识、塑造群众精神。工作路径是以群众参与为核心，以培育精神为根本，以奖励优秀为手段，以项目活动为载体，以分类统筹为方法。

厦门在云浮"共谋、共建、共管、共享"四大理念的基础上，进一步提出来"决策共谋、发展共建、建设共管、成效共评、成果共享"的"五共"原则。充分利用各种社会资源，通过完善群众参与决策机制，激发群众参与城市建设管理的热情，从与群众生产生活密切相关的实事和房前屋后的小事做起，凝聚社区治理创新合力。推动以"纵向到底、横向到边、协商共治"基层治理模式。"纵向到底"是指政府服务纵向到底；"横向到边"是指把每一位居民都纳入一个社会组织，让每一个社区组织都可以有序参与社区治理；

"协商共治"是指以协商民主的方式方法、制度机制推进居民的共谋、共建、共管、共评、共享。

（3）"幸福沈阳共同缔造"的沈阳实践

"幸福沈阳共同缔造"是沈阳振兴发展战略规划中的一项专项举措。该行动致力于满足百姓对美好生活的追求，激发百姓参与老工业基地全面振兴实践的热情。具体实践路径包括：夯实基础，发挥社区的基础性作用；搭建载体，以群众身边的小事、房前屋后的实事等与百姓息息相关的项目为载体，吸引大家参与项目的决策、建设和管理；突出导向，坚持问题导向，对不同类型社区提出不同的具体指导，不断创新方式方法，从百姓最直接最关心的小事抓起，激发更多的公众主动参与进来；完善机制，推动社会治理从主要靠人向主要靠制度转变。

（4）"美好环境与幸福生活共同缔造"的全国模式

基于云浮、厦门和沈阳的实践经验，共同缔造的理论与实践具有多重价值，体现在：一是新时期群众路线的探索，拉近政府与群众的距离，在共同缔造中实现良性互动；二是赋予村民自治以现代含义，实现行政纵向到底，自治横向到边，服务纵横交错；三是通过搭建多元参与的平台，从而培育村民自治；四是着力于手段和方式的创新，切实让自治运转起来。这一理念与探索实践得到了中共官方的认可，住房和城乡建设部于2019年3月2日印发《关于在城乡人居环境建设和整治中开展美好环境与幸福生活共同缔造活动的指导意见》，根据指导意见，各级住房和城乡建设、规划和自然资源主管部门要在城乡人居环境建设和整治中精心组织开展"共同缔造"活动。以农村自然村为基本空间单元，充分发挥村民的主体作用，根据不同类型村庄人居环境中存在的突出问题，因地制宜确定人居环境建设和整治的重点。在农村自然村，可结合正在推进的农村人居环境政治工作，从危房改造、改水、美化村容村貌等实事、小事做起。实现决策共谋、发展共建、效果共评、成果共享，乡村规划要人人尽力，规划成果要人人享有。

"共同缔造"公众参与模式发源于广东省云浮市，成熟于福建省厦门市，并在辽宁省沈阳市和城乡规划建设领域推广应用。"共同缔造"模式的内涵和做法在实践中不断丰富，它融合了党建引领、以人民为中心的发展理念、群众路线和重心下移等中国特色的社会治理理念，是新时代基层治理的重要创新，也将是在生态文明时代中国村庄规划的一个重要工作模式。

附　录

附录一　农村居民家庭基本情况调查样表 ①

表号：xxxx-x 表

制定机关：xxx 区 xx 镇人民政府

批准文号：xxx〔20xx〕xx 号

有效期至：20xx 年 x 月底止

户码_____　户主姓名_____

_____市_____区（县）_____乡（镇）_____村

20xx 年末家庭常住人口_____人

20xx 年家庭主要收入来源□　1. 在本乡镇就业　2. 在本乡镇外就业　3. 家庭经营　4. 房租收入
5. 离退休金、养老金 6. 其他（请注明）_____

指标名称	序号	单位	20xx 年	备注
甲	乙	丙	1	2
一、家庭拥有住房情况	—	—	—	—
1. 拥有住房面积	1	平方米		
其中：居住住房面积	2	平方米		
出租住房面积	3	平方米		
二、居住住房类型	—	—	—	—
1. 楼房面积	4	平方米		
2. 砖瓦平房面积	5	平方米		
3. 其他（请在备注栏注明住房类型）	6	平方米		
三、主要耐用消费品拥有情况	—	—	—	—
1. 洗衣机	7	台		
2. 电冰箱	8	台		
3. 空调	9	台		
4. 抽油烟机	10	台		

---

① 附录一至三参考北京市海淀区农村居民家庭基本情况调查表整理。

指标名称	序号	单位	20xx 年	备注
5. 摩托车	11	台		
6. 汽车（生活用）	12	台		
7. 固定电话	13	部		
8. 手机	14	部		
其中：接入互联网	15	部		
9. 彩色电视机	16	台		
10. 家用计算机	17	台		
其中：接入互联网	18	台		
11. 微波炉	19	台		
12. 热水器	20	台		
13. 照相机	21	台		
14. 摄像机	22	台		
四、20xx 年家庭纯收入	23	元		
1. 工资性收入	24	元		
其中：在本镇劳动得到的收入	25	元		
外出务工收入	26	元		
2. 家庭经营纯收入	27	元		
3. 财产性收入	28	元		
其中：出租房屋收入	29	元		
4. 转移性收入	32	元		
其中：离退休金、养老金收入	33	元		
其中：城乡居民养老保险	34	元		
无生活保障人员养老补助	35	元		
内退过渡期人员养老补助	36	元		
获得各类政府补贴	37	元		
其中：领取最低生活保障金	38	元		
领取镇生活补贴	39	元		
冬季取暖补贴	40	元		
节日补助（包括实物）	41	元		
其他政府补贴（包括实物） 　　　（请在备注栏注明补贴类型）	42	元		

指标名称	序号	单位	20xx 年	备注
其他转移性收入	43	元		
五、20xx 年家庭生活消费现金支出	44	元		
1.食品	45	元		
其中：在外饮食	46	元		
2.衣着	47	元		
3.居住	48	元		
其中：生活用能源（不包括交通工具燃料）	49	元		
其中：生活用煤	50	元		
生活用液化气	51	元		
生活用水	53	元		
生活用电	54	元		
其他生活用能源	55	元		
4.家庭设备、日用品及服务	56	元		
5.交通通信	57	元		
其中：交通工具燃料	58	元		
6.文教娱乐用品及服务	59	元		
其中：教育支出	60	元		
7.医疗保健支出	61	元		
其中：医药费	62	元		
8.其他商品和服务	63	元		
六、其他家庭收支	64	元		
1.报销医药费	65	元		
2.个人缴纳的新型农村合作医疗费用	66	元		
3.个人缴纳的城乡居民养老保险费用	67	元		

调查员：　　　　　　填表人：　　　　　　　　　　　　报出日期：　年　月　日

附录二　农村居民人口和劳动力就业情况调查样表

表号：xxxx-x 表

制定机关：xxx 区 xx 镇人民政府

批准文号：xxx〔20xx〕xx 号

有效期至：20xx 年 x 月底止

户码□□□

指标名称	序号	住户成员					
甲	乙	1	2	3	4	5	6
一、家庭人口基本情况（全部人口填报）	一						
姓名	1						
与本户户主的关系？①户主　②配偶　③子女　④孙子女　⑤父母　⑥祖父母　⑦兄弟姐妹　⑧其他亲属　⑨非亲属	2						
性别　①男　②女	3						
年龄（周岁）	4						
户口性质　①农业　②非农业　③其他	5						
参加何种医疗保险（可多选）①新型农村合作医疗　②城镇居民基本医疗保险　③城镇职工基本医疗保险　④商业医疗保险　⑤其他　⑥没有参加任何医疗保险	6						
参加何种养老保险（可多选）①城乡居民养老保险　②城镇职工基本养老保险　③商业养老保险　④其他　⑤没有参加任何养老保险	7						
享受何种养老补助（可多选）①无生活保障人员养老补助　②内退过渡期人员养老补助　③其他　④没有享受养老补助	8						
是否领取最低生活保障　①是　②否	9						

续表

指标名称	序号	住户成员					
是否在校学生　①是　②否	10						
受教育程度（6周岁及以上人口填报）①不识字或识字很少　②小学　③初中　④高中⑤中专　⑥大专及以上	11						
二、16周岁以上人口20xx年就业情况（16周岁以上非在校人口填报）	—						
20xx年是否从业过？①是→14　②否→13	12						
没有工作的原因　①企业关停　②企业裁员　③收入低，主动辞去工作　④生病或伤残　⑤还没有找到工作　⑥离休退休　⑦其他原因（回答完此问题结束）	13						
所从事的主要行业①第一产业　②第二产业③第三产业	14						
20xx年是否在本地从事过家庭经营活动？（不包括出租房屋）①是　②否→结束	15						
20xx年是否在本乡镇外从业？①是　②否→结束	16						
20xx年外出从业的时间（月）	17						

调查员：　　　　　　　填表人：　　　　　　　报出日期：　　年　月　日

244

附录三　农村居民调查问卷

表号：xxxx-x 表

制定机关：xxx 区 xx 镇人民政府

批准文号：xxx〔20xx〕xx 号

有效期至：20xx 年 x 月底止

尊敬的住户：

您好！为了解本地区农村居民居住、生活、就业等情况，反映您的基本需求和诉求，希望您按照实际情况回答下列问题，我们将对您回答的问题予以保密，感谢您的参与！（填写问卷时请在选项后面的数字上面划"√"）

Q1.您认为新型农村合作医疗在实施过程中还存在哪些问题？（多选）

医保定点医院少、看病不方便	1
看病贵、报销比例低	2
报销周期长、程序烦琐	3
存在一人参保，全家受用的情况	4
宣传不到位、不知道如何办理参保手续	5
其他（请注明）	6
没有以上问题	7
没有参加、不知道	8

Q2.您认为村里在土地占用方面有没有以下问题？（多选）

乱占耕地	1
占地补偿太少	2
占地补偿款分配不公	3
占地补偿款发放不及时	4

其他（请注明）	5
不知道、说不清	6
没有以上问题	7

Q3. 村里及周边的治安管理存在哪些问题？（多选）

治安没人管	1
没有报警点、派出所、没有管片民警	2
寻衅滋事、打架斗殴现象较多	3
偷盗、抢劫案件时有发生	4
有卖淫、赌博、吸毒现象，存在黑社会势力	5
其他（请注明）	6
没有以上问题	7

Q4. 村里及周边道路存在哪些问题？（多选）

道路坑坑洼洼、雨天经常积水	1
土路多，缺少柏油路、水泥路等	2
路面太窄、车多人多	3
路灯少、光线暗、有地方没有路灯	4
路灯、道路损坏无人修理	5
其他（请注明）	6
没有以上问题	7

Q5. 村里的环境卫生存在哪些问题？（多选）

道路不干净、无人清扫	1
乱倒垃圾、垃圾清理不及时	2
乱排污水污物	3
宠物、牲畜随地大小便	4
其他（请注明）	5
没有以上问题	6

Q6. 您认为村里的服务设施建设怎么样？（多选）

缺少健身器材、活动场地	1
买菜、购物不方便	2
洗澡、理发、修理电器不方便	3
读书、看报、看电影不方便	4
学生上学不方便，没有学校、学校远、无校车等	5
其他（请注明）	6
没有以上问题	7

Q7. 您认为目前本地区最迫切需要解决的问题是什么？

附录四　村庄规划相关法律法规和政策汇编

序号	法规名称	实施时间	颁布主体	政策的核心目标
1.	《中华人民共和国城乡规划法》	2008.1.1	全国人民代表大会常务委员会	加强城乡规划管理，协调城乡空间布局，改善人居环境，促进城乡经济社会全面协调可持续发展。
2.	《中华人民共和国文物保护法》	1982.1.19	全国人民代表大会常务委员会	加强对文物的保护，继承中华民族优秀的历史文化遗产，进行爱国主义和革命传统教育，建设社会主义精神文明和物质文明。
3.	《中华人民共和国旅游法》	2013.10.1	全国人民代表大会常务委员会	保障旅游者和旅游经营者的合法权益，规范旅游市场秩序，保护和合理利用旅游资源，促进旅游业持续健康发展。
4.	《中华人民共和国非物质文化遗产法》	2011.6.1	全国人民代表大会常务委员会	继承和弘扬中华民族优秀传统文化，促进社会主义精神文明建设，加强非物质文化遗产保护、保存工作。
5.	《村庄和集镇规划建设管理条例》	1993.6.29	中华人民共和国国务院	加强村庄、集镇的规划建设管理，改善村庄、集镇的生产、生活环境，促进农村经济和社会发展。
6.	《历史文化名城名镇名村保护条例》	2008.7.1	中华人民共和国国务院	加强历史文化名城、名镇、名村的保护与管理，继承中华民族优秀历史文化遗产。
7.	《村庄整治规划编制办法》	2013.12.17	住房和城乡建设部	贯彻落实全国改善农村人居环境工作会议的精神，指导各地结合农村实际提高村庄整治水平。
8.	《美丽乡村建设指南》	2015.6.1	国家质量监督检验检疫总局和国家标准化委员会	为开展美丽乡村建设提供了框架性、方向性技术指导，使乡村资源配置和公共服务有章可循，使美丽乡村建设有据可考。
9.	《村庄整治技术规范》	2008.8.1	国家质量监督检验检疫总局和国家标准化委员会	提高村庄整治的质量和水平，规范村庄整治工作，改善农民生产生活条件和农村人居环境质量，稳步推进社会主义新农村建设，促进农村经济、社会、环境协调发展。

续表

序号	法规名称	实施时间	颁布主体	政策的核心目标
10.	《关于开展美丽宜居小镇、美丽宜居村庄示范工作的通知》	2013.3.14	住房和城乡建设部	体现新型城镇化、新农村建设、生态文明建设等国家战略要求，展示我国村镇与大自然融合的魅力，创造村镇居民的幸福生活，传承传统文化和地区特色，凝聚符合村镇实际的规划建设管理理念和优秀技术，代表我国村镇建设的方向。
11.	《关于印发传统村落保护发展规划编制基本要求（试行）的通知》	2013.9.18	住房和城乡建设部	调查传统村落资源，建立传统村落档案，划定保护范围并制定保护管理规定，提出传统资源保护以及村落人居环境改善的措施。
12.	《关于改善农村人居环境的指导意见》	2014.5.29	国务院办公厅	按照全面建成小康社会和建设社会主义新农村的总体要求，以保障农民基本生活条件为底线，以村庄环境整治为重点，以建设宜居村庄为导向，加快编制村庄规划，提高村庄规划可实施性，合理确定整治重点，循序渐进改善农村人居环境。
13.	《关于改革创新、全面有效推进乡村规划工作的指导意见》	2015.11.24	住房和城乡建设部	全面有效推进乡村规划工作，满足新农村建设需要。
14.	《关于开展2016年县（市）域乡村建设规划和村庄规划试点工作的通知》	2016.5.27	住房和城乡建设部	开展县（市）域乡村建设规划编制试点，建立以县（市）域乡村建设规划为依据和指导乡镇的镇、乡和村庄规划编制体系，统筹安排乡村重要基础设施和公共服务设施建设。
15.	《关于开展田园综合体建设试点工作的通知》	2017.5.24	财政部	明确试点立项的条件，并确定了18个省份开展田园综合体建设试点。
16.	《关于深入推进农业领域政府和社会资本合作的实施意见》	2017.5.31	财政部、农业部	从各省（区、市）推荐的农业PPP示范项目中择优确定"国家农业PPP示范区"。
17.	《关于做好2018年农业综合开发产业化发展项目申报工作的通知》	2017.6.26	国家农业综合开发办公室	大力扶持中小型农业经营主体，建立贴款贴息项目单位名录；对列入名录的项目单位实际发生而已经支付利息的贷款进行贴息。
18.	《关于有序开展农村土地利用规划编制工作的指导意见》	2017.2.3	国土资源部	鼓励有条件的地区编制村土地利用规划，统筹安排农村各项土地利用活动，深入推进农业供给侧结构性改革，促进社会主义新农村建设。

序号	法规名称	实施时间	颁布主体	政策的核心目标
19.	《关于印发农村土地利用规划编制技术导则的通知》	2017.9.8	国土资源部办公厅	加快编制村土地利用规划，统筹安排农村土地利用各项活动，促进农村土地规范、有序和可持续利用。
20.	《关于深入推进农业供给侧结构性改革做好农村产业融合发展用地保障工作的通知》	2017.12.7	国土资源部	优先安排农村基础设施和公共服务用地，对利用存量建设用地进行农产品加工、农产品冷链、物流仓储、产地批发市场等项目建设或用于小微创业园、休闲农业、乡村旅游、农村电商等农村二三产业的市、县，可给予新增建设用地计划指标奖励。
21.	《关于实施乡村振兴战略的意见》	2018.1.2	中共中央、国务院	实施乡村振兴战略的目标任务：到2020年，乡村振兴取得重要进展，制度框架和政策体系基本形成；到2035年，乡村振兴取得决定性进展，农业农村现代化基本实现；到2050年，乡村振兴，农业强、农村美、农民富全面实现。
22.	《关于促进全域旅游发展的指导意见》	2018.3.22	国务院办公厅	将旅游发展所需用地纳入土地利用总体规划、城乡规划统筹安排。
23.	《关于在旅游领域推广政府和社会资本合作模式的指导意见》	2018.4.19	文化和旅游部、财政部	优先支持符合意见要求的全国优选旅游项目、旅游扶贫贷款项目等存量项目转化为旅游PPP项目。
24.	《关于进一步加强村庄建设规划工作的通知》	2018.9.18	住房和城乡建设部	进一步加强村庄建设规划工作。
25.	《乡村振兴战略规划（2018—2022年）》	2018.9.26	中共中央、国务院	按照集聚提升、融入城镇、特色保护、搬迁撤并的思路，分类推进乡村振兴。
26.	《贯彻落实实施乡村振兴战略的意见》	2018.9.27	财政部	公共财政将更大力度向"三农"倾斜，落实涉农税费减免政策，鼓励地方政府在法定债务限额内发行一般债券用于支持乡村振兴，脱贫攻坚领域坚持项目公益性原则。
27.	《乡村振兴科技支撑行动实施方案》	2018.9.30	农业农村部	打造1000个乡村振兴科技引领示范村（镇）。

续表

序号	法规名称	实施时间	颁布主体	政策的核心目标
28.	《促进乡村旅游发展提质升级行动方案（2018年—2020年）》	2018.10.12	国家发展改革委	要补齐乡村建设短板，加大对贫困地区旅游基础设施建设项目推进力度，鼓励和引导民间投资通过PPP、公建民营等方式参与有一定收益的乡村基础设施建设和运营等规划，扩展乡村旅游经营主体融资渠道等。
29.	《关于建立国土空间规划体系并监督实施的若干意见》	2019.5.23	中共中央、国务院	国土空间规划顶层设计，明确国土空间的层级和工作路径。
30.	《关于全面开展国土空间规划工作的通知》	2019.5.28	自然资源部	启动编制全国、省级、市县和乡镇国土空间规划（规划期至2035年，展望至2050年），尽快形成规划成果。
31.	《关于加强村庄规划促进乡村振兴的通知》	2019.5.29	自然资源部	明确村庄规划是法定规划，是国土空间规划体系中乡村地区的详细规划，是开展国土空间开发保护活动、实施国土空间用途管制、核发乡村建设项目规划许可，进行各项建设等的法定依据。
32.	《关于坚持和完善中国特色社会主义制度推进国家治理体系和治理能力现代化若干重大问题的决定》	2019.11.5	中共中央、国务院	把系统治理、"四个治理"列入新时代推进国家治理体系和治理能力现代化的总体要求，提升了其在国家治理体系与治理能力现代化中的指导性作用。明确乡村治理能力现代化建设是重要内容之一。

参考文献

［1］安国辉，村庄规划教程［M］.科学出版社，2008-9-1.

［2］安国辉，张二东，安蕴梅 主编，村庄建设规划设计［M］.北京：中国农业出版社，2009-11.

［3］安国辉，张二东，安蕴梅.村庄规划与管理［M］.北京：中国农业出版社.2009：42.

［4］曹春华.村庄规划的困境及发展趋向——以统筹城乡发展背景下村庄规划的法制化建设为视角［J］.宁夏大学学报：人文社会科学版，2012，34（06）：48-57.

［5］陈峰.城乡统筹背景下的村庄规划法治化路径初探［J］.苏州大学学报：哲学社会科学版，2011，32（02）：115-119.

［6］陈梅.乡村旅游规划核心内容研究［D］.苏州科技学院，2008.

［7］陈鹏.基于城乡统筹的县域新农村建设规划探索［J］.城市规划，2010，（02）：247-247.

［8］陈韶英.社会主义新农村村庄规划问题探讨［D］.河北师范大学，2007.

［9］陈有川，尹宏玲，孙博.撤村并点中保留村庄选择的新思路及其应用［J］.规划师，2009，25（9）：102-105.

［10］陈有川，尹宏玲，张军民，村庄体系重构规划研究［M］.中国建筑工业出版社，2010.

［11］陈玉福，孙虎，刘彦随.中国典型农区空心村综合整治模式［J］.地理学报，2010，65（6）：727-735.

［12］陈玉荣，杜明义.RS与GIS在村庄规划中的应用研究［J］.北京建筑工程学院学报.2006（04）：23-25.

［13］陈裕鸿，王敏，袁振杰，温锋华，新公众参与下的村庄规划实践研究［J］，《城市规划学刊》，2014-07.

［14］程志强，卢成博.基于工作流技术与三层架构体系的太原市土地规划管理信息系统建设［J］.华北国土资源，2015（06）：121-123.

［15］仇保兴.中国乡村村庄整治的意义、误区与对策［J］.城市发展研究，2006，13（01）：1-6.

［16］邓毛颖.基于城乡统筹的村庄规划建设管理实践与探讨［J］.小城镇建设，2010，（07）：21-27.

［17］邓宗兵，吴朝影，封永刚，等.中国农产品加工业的地理集聚分析［J］.农业技术经

济，2014，（5）：89-98.

[18] 董艳芳，等著.新农村规划设计实例 [M].中国社会出版社，2006-09-01.

[19] 樊帆.农村人居环境现状调查及政策取向——以湖北荆州市为例 [J].农村经济，2009，（4）：110-113.

[20] 方明，等编著.农村社区规划与住宅设计 [M].中国社会出版社，2006-10-01.

[21] 费玉杰，冯莉，郭华，周阳，马昆鹏，乔恒博，张建峰，李飞.特色农业物联网技术应用与推广研究 [J].农业网络信息，2013（01）：87-93.

[22] 冯伟，蔡学斌，杨琴，等.中国农产品加工业的区域布局与产业集聚 [J].中国农业资源与区划，2016，37（8）：97-102.

[23] 高晓戊.浅谈新时期村庄的规划与建设 [J].山西建筑，2008，34（04）：24-25.

[24] 葛丹东，华晨.论乡村视角下的村庄规划技术策略与过程模式 [J].城市规划，2010，34（06）：55-59.

[25] 葛丹东，华晨.适应农村发展诉求的村庄规划新体系与模式建构 [J].城市规划学刊，2009，（06）：60-67.

[26] 葛丹东.中国村庄规划的体系与模式——当今新农村建设的战略与技术 [M].东南大学出版社，2010-02-01.

[27] 郭攀，张玮哲.浅谈新农村建设与村庄规划 [J].城市建筑，2015，（14）：46-46.

[28] 韩丹敏.新型城市化背景下的村庄规划编制方法研究 [J].房地产导刊，2015（29）：8.

[29] 贺斌.新农村村庄规划与管理 [M]中国社会出版社，2010-06-01.

[30] 黄艳丽，苏辉.新农村建设中村庄规划的作用及重点研究 [J].山西建筑，2007，33（22）：21-23.

[31] 吉颖飞，古清，刘志强.美丽新农村规划建设技术导则 [J].规划师，2015，（1）：128-133.

[32] 贾安强.社会主义新农村村庄建设规划研究 [D].河北农业大学，2008.

[33] 姜乖妮，李春聚，侯凤武，等.新农村规划中的村庄特色研究 [J].安徽农业科学，2008，36（17）：7127-7130.

[34] 姜秀娟.新农村建设中的生态村庄规划研究 [D].中南大学，2007.

[35] 金其铭.中国乡村聚落地理 [M].江苏：江苏科学技术出版社.1989：3.

[36] 金琰，卢凤君.农业空间布局实施主体决策行为的博弈分析 [J].中国农业资源与区划，2018，39（11）：105-112.

[37] 金兆森，主编.农村规划与村庄整治 [M].中国建筑工业出版社，2010-07-01

[38] 孔德政，谢珊珊，刘振静，等.基于AHP法的乡村人居环境评价研究——以赵河镇为例 [J].林业调查规划，2015，40（3）：99-104.

[39] 邻艳丽，刘海燕.中国村镇规划编制现状、存在问题及完善措施探讨 [J].规划师，2010，26（06）：69-74.

［40］李兵弟.通过村庄整治改善农村人居环境［J］.小城镇建设，2006，（05）：11-13.

［41］李富祥，王路.村庄规划编制相关问题探讨［J］.现代农业科学，2009，（03）：220-222.

［42］李明，主编.美好乡村规划建设［M］.中国建筑工业出版社，2014-06-01.

［43］李明，孙玥，吕荣，等.城乡一体化导向下的广州市村庄规划：进展与动态［J］.城市规划学刊，2014.

［44］李伟国.村庄规划设计实务［M］.机械工业出版社，2013-01-01

［45］李小静.农村"三产融合"发展的内生条件及实现路径探析［J］.改革与战略，2016，32（04）：83-86.

［46］李郇，彭惠雯，黄耀福.参与式规划：美好环境与和谐社会共同缔造［J］.城市规划学刊，2018（01）：24-30.

［47］梁镜权，温锋华.基于城乡统筹的农村城市化动力模式研究［J］，改革与战略，2011.08.

［48］刘波.浅谈村庄规划编制与实施的实践、问题及建议［J］.大科技，2015.

［49］刘华松，庄飞.新农村建设与村庄规划［J］.中国新技术新产品，2009，（4）：196-196.

［50］刘利斌.社会主义新农村建设中的村庄规划与实施研究［D］.四川大学，2007.

［51］刘凌霄.农业产业结构调整的理论方法及应用研究［D］.北京：北京交通大学，2015.

［52］刘梦琴.村庄终结：城中村及其改造研究［D］.华南农业大学，2009.

［53］刘朋虎，黄颖，赵雅静，等.高效生态农业转型升级的战略思考与技术对策研究［J］.生态经济，2017，33（08）：105-110+133.

［54］刘淑娟.关中地区特色农业发展中农业技术需求意愿及其影响因素分析［D］.西北大学，2014.

［55］刘晓斌，温锋华.系统规划理论研究综述［J］.现代城市研究，2014.03.

［56］刘晓斌，温锋华.系统规划理论在存量规划中的应用研究［J］.城市发展研究，2014.02.

［57］刘园，董男.城乡统筹背景下的村庄规划编制新思路［C］//2008中国城市规划年会.2008.

［58］卢恩双，方伟，袁志发.特色农业发展的技术选择分析［J］.西北农林科技大学学报（自然科学版），2005（03）：133-136.

［59］栾翠霞.哈尼梯田遗产区乡村居民出行特征调查研究［J］.智能城市，2017（1）：239-240.

［60］罗凌晔，闻立武.当前村庄规划中存在的问题及对策［J］.房地产导刊，2015.

［61］罗宇，李永树.基于工作流技术的村镇建设用地规划信息系统研究［J］.测绘工程，2011，20（4）：63-66，69.

［62］吕斌，杜姗姗，黄小兵.公众参与架构下的新农村规划决策——以北京市房山区石楼

镇夏村村庄规划为例［J］.城市发展研究，2006，13（3）：34-38，42.

［63］马佳.新农村建设中农村居民点用地集约利用研究［D］.华中农业大学，2008.

［64］毛丹.村庄的大转型［J］.浙江社会科学，2008，（10）：2-13.

［65］孟春，高雪姮.大力推进三产融合 加快发展现代农业［J］.发展研究，2015（01）：7-8.

［66］孟宪文.现代农业产业布局规划研究［D］.山西大学，2012.

［67］宁秀红，龙腾，赵敏.基于 ArcGIS 的村庄规划编制技术研究［J］.测绘与空间地理信息，2015，38（09）：26-28.

［68］彭震伟，陆嘉.基于城乡统筹的农村人居环境发展［J］.城市规划，2009，（05）：66-68.

［69］朴永吉，主编.村庄整治规划编制［M］.中国建筑工业出版社，2010-03-01

［70］秦杨.浙江省县（市）域村庄布点规划研究［D］.浙江大学，2007.

［71］曲卫东.德国空间规划研究［J］.中国土地科学，2004，18（2）：58-64.

［72］陕西省村庄规划编制导则（试行）陕西省城乡规划设计研究院，2014 年 4 月.

［73］邵爱云，等编.新农村村庄整治规划实例［M］.中国社会出版社，2006-09-01.

［74］邵爱云，单彦名，方明，等.因地制宜、整合资源、分类指导——《村庄整治技术导则》编制原则解析［J］.城市规划，2006，（8）：61-65.

［75］申家杰，袁志雄.社会主义新农村建设村庄规划存在问题及对策［J］.宜春学院学报，2010，32（07）：41-43.

［76］石爱华：《理想乡村有多远》——编制《广州村庄地区发展战略与实施行动规划》有感.

［77］宋小冬，吕迪.村庄布点规划方法探讨［J］.城市规划学刊，2010，（05）：65-71.

［78］宋艳华.RS 和 GIS 在土地科学中的应用研究综述［J］.资源与产业，2009，11（01）：70-72.

［79］苏毅清，游玉婷，王志刚.农村一二三产业融合发展：理论探讨、现状分析与对策建议［J］.中国软科学，2016（08）：17-28.

［80］孙任之，张海亮.浅谈高速公路与乡村道路交叉设计［J］.工程与建设，2016，30（2）：280-282.

［81］谭堃.新农村建设背景下的村庄规划设计方法探究［J］.大科技，2015.

［82］唐代剑，池静.中国乡村旅游开发与管理.

［83］唐珂，等主编.美丽乡村国际经验及其启示［M］.中国环境出版社，2014-11-01.

［84］唐燕.村庄布点规划中的文化反思——以嘉兴凤桥镇村庄布点规划为例［J］.规划师，2006，22（4）：49-52.

［85］陶良虎，陈为，卢继传，美丽乡村——生态乡村建设的理论实践与案例［M］，人民出版社，2014-12-01.

［86］田建文，等主编.村庄改造整治与保护［M］.中国农业出版社，2009-11-01.

[87] 田建文，宋衫岐，安志远，贺军亮主编.村庄改造、整治与保护［M］.中国农业出版社，2009-11-01.

[88] 同济大学城市规划系乡村规划教学研究课题组编.乡村规划规划设计方法与2013年度同济大学教学实践［M］.中国建筑工业出版社，2014-09-01.

[89] 涂晓芳.新农村建设背景下的村庄规划［J］.中国行政管理，2009，（06）：78-80.

[90] 土地管理和发展课程，第14章村庄更新.德国慕尼黑工业大学土地管理与发展系教学材料［DB］.慕尼黑：2008.

[91] 王福定.城市化后的村庄改建模式研究［J］.人口与经济，2007，（6）：60-62.

[92] 王富更.村庄规划若干问题探讨［J］.城市规划学刊，2006，（03）.

[93] 王辉.浅析新农村村庄规划设计的内容及影响因素［J］.城市建设理论研究：电子版，2015.

[94] 王立权.全国农村房屋建设工作会议在青岛召开［J］.农业工程.1980，1：31.

[95] 王玥.新农村建设背景下中国乡村村庄规划问题探析［J］.广西师范大学学报：哲学社会科学版，2011，（06）：144-148.

[96] 王悦.农村基础设施分类和规划研究［D］.苏州科技学院，2010.

[97] 王云才，等.乡村旅游规划原理与方法［M］.科学出版社，2006-05-01.

[98] 魏开，周素红，王冠贤.中国近年来村庄规划的实践与研究初探［J］.南方建筑，2012，（6）：79-81.

[99] 温锋华，李立勋.基于地租理论和利益均衡的城中村改造模式初探［J］.中山大学研究生学刊（自然科学、医学版），2004.01.

[100] 温锋华，吕迪，转型期中国养老产业园区系统规划模式研究［J］.中国人口·资源与环境，2013.11.

[101] 温锋华，彭暖龙.系统规划视域下的村庄规划实践思考［J］.城市发展研究，2014.09.

[102] 温锋华，沈体雁.系统规划视角下的产业园区规划模式研究［J］.规划师，2011.08.

[103] 温锋华，许学强，李立勋.和谐社会构建中的城中村外部性内部化研究［J］.现代城市研究，2007.08.

[104] 温锋华.中国村庄规划理论与实践［M］.社科文献出版社，2017.4.

[105] 温锋华.周婷婷.北京市乡村旅游特征研究［J］.当代旅游，2012.12.

[106] 吴禹江.高原特色农业战略背景下云南省农业技术推广存在的问题及对策［J］.现代农业科技，2012（23）：326-327.

[107] 向辉.探究新农村建设中的村庄规划［J］.城市建设理论研究：电子版，2015.

[108] 肖唐镖.村庄治理中的传统组织与民主建设——以宗族与村庄组织为例［J］.学习与探索，2007，（03）：4-79.

[109] 谢蕴秋.规划 博弈 和谐："城中村"改造实证研究［M］.中国书籍出版社，2011-12-06.

［110］徐建华.从村庄规划中存在的问题探讨规划思路与举措［J］.小城镇建设，2009，
（11）：40-42.

［111］许世光，魏建平，曹轶，等.珠江三角洲村庄规划公众参与的形式选择与实践［J］.
城市规划，2012，36（2）：58-65.

［112］许卫卫.基于特色农业的农业高新技术产业示范区规划研究［D］.山东农业大学，
2014.

［113］薛连曦.新农村建设村庄规划初探［J］.城市建设理论研究：电子版，2015.

［114］杨贵庆，等.黄岩实践：美丽乡村规划建设探索［M］.同济大学出版社，2015-05-
01.

［115］杨蒿.以中心集镇为建设重点［J］.小城镇建设，1988-02-07.

［116］杨建军，陈飞.统筹城乡发展的实践：村庄布局规划［J］.经济地理，2006，（S1）.

［117］杨炯蠡，殷红梅编著.乡村旅游规划开发与规划实践，2007-05.

［118］杨新海，洪亘伟，赵剑锋.城乡一体化背景下苏州村镇公共服务设施配置研究［J］.
城市规划学刊，2013（03）：22-27.

［119］叶齐茂.用村庄规划正确引导社会主义新农村建设［J］.小城镇建设，2005，（08）：
7-10.

［120］叶英聪，孙凯，匡丽花，等.基于空间决策的城镇空间与农业生产空间协调布局优化
［J］.农业工程学报，2017，33（16）：256-266.

［121］余国杨.中心村规划——广州农村可持续发展战略［J］.广州师院学报（社会科学
版），2000.19（12）：81-84.

［122］余小平.中国现代化进程中的农村村庄建设［M］.电子科技大学出版社，2014.

［123］张军民，冀晶娟.新时期村庄规划控制研究［J］.城市规划，2009，（12）：58-61.

［124］张俊乾.村庄规划事关农村发展的长远之计——关于搞好村庄规划的几点思考［J］.
小城镇建设，2006，（08）：63-65.

［125］张泉，等.村庄规划［M］.中国建筑工业出版社，2011-09-01.

［126］张瑞红.新农村建设中村庄规划存在的问题及对策建议［J］.农村经济，2012，
（12）：102-105.

［127］张述林，等编著.乡村旅游发展规划研究：理论与实践［M］.科学出版社，2014-
11-01.

［128］张长兔，沈国平，夏丽萍.上海郊区中心村规划建设的研究（上、下）［J］.上海建
设科技，1999-04.

［129］章建明，王宁.县（市）域村庄布点规划初探［J］.规划师，2005，21（3）：23-25.

［130］赵俊三，尹鸿俞，杨军，等.土地利用规划管理信息系统技术方法研究［J］.矿山测
量，2003，（4）：7-10.

［131］郑有贵.建设社会主义新农村的目标与政策突破［J］.教学与研究，2006，（01）：
10-16.

［132］中心村规划调研组.关于上海市中心村若干重要问题的研究［J］.上海城市规划，1995.5：6-9.

［133］周锐波，甄永平，李郇.广东省村庄规划编制实施机制研究——基于公共治理的分析视角［J］.规划师，2012，27（10）：76-80.

［134］周一星.城市地理学［M］.北京：商务印书馆，1996.

［135］周游，周剑云，黄祖瑞.广东省乡村人居环境的调查分析与政策建议［J］.南方建筑，2017，（1）：78-83.

［136］朱孟珏，周家军，邓神志.村庄规划与相关规划衔接的主要问题及对策——以从化市村庄规划为例［J］.城市规划学刊，2014.

［137］朱霞，谢小玲.新农村建设中的村庄肌理保护与更新研究［J］.华中建筑，2007，25（7）：142-144.

［138］朱哲莹.传统村落保护规划研究［J］.山西建筑，2015（1）：25-26.

国土空间规划与治理研究丛书

内容简介：

    本书的作者为北京大学城市治理研究院执行院长沈体雁，北京东方至远科技股份有限公司董事长李吉平，北京北达城市规划设计研究院公共事业规划所所长、副总规划师张庭瑞。他们是我国城市地灾治理一线积极实践的活跃人物，有相当丰富的经验。

    本书主要介绍了如何科学界定和认识城市地灾、世界城市地灾治理的现状和经验以及如何利用 InSAR 技术解决城市地灾治理现实问题等三部分内容。本书可作为地理、遥感、测绘、区域经济、城市治理等相关领域高校专业课和全校相关领域选修课的教材，同时可作为专业研究主要参考书目、地灾防护科普书、地方政府相关领域决策参考用书等。

国土空间规划与治理研究丛书

内容简介：

　　本书创造性地提出生物安全产业、生物安全产业集群、世界级生物安全产业集群的概念，并从产业链和产业集群的研究角度切入，总结生物安全产业的国际经验，梳理全球生物安全产业的国家战略部署，并以黄埔区如何打造世界级生物安全产业集群为例，为生物安全产业发展和政策制定提供理论支持和实践参考。

扫码进入：
经济日报出版社